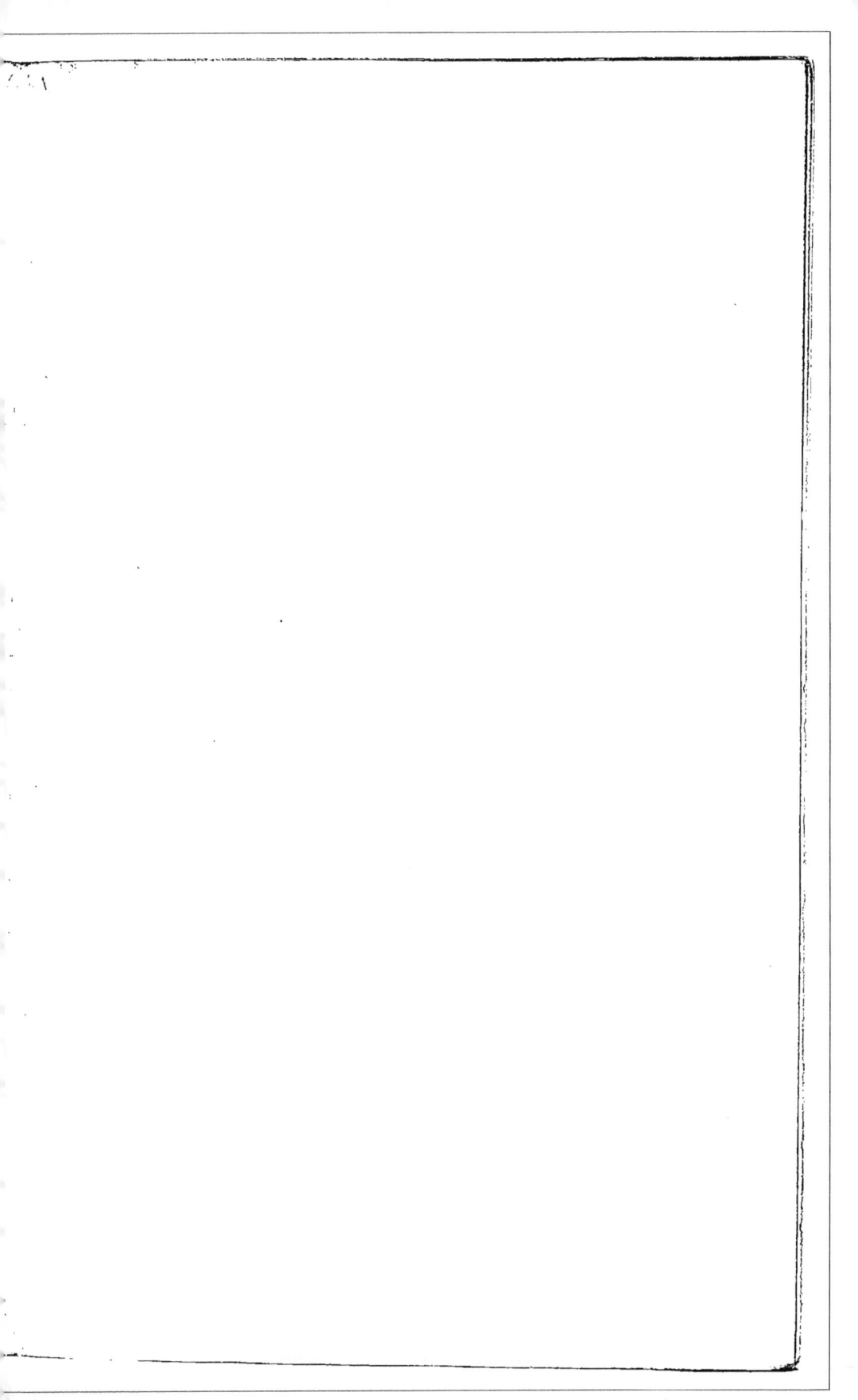

ASSAINISSEMENT

DES

RÉGIONS CHAUDES

INSALUBRES

PAR

Régulus CARLOTTI,

PRÉSIDENT DE LA SOCIÉTÉ LOCALE DES MÉDECINS DE LA CORSE ;

MEMBRE DE L'ACADÉMIE NATIONALE AGRICOLE ET MANUFACTURIÈRE ;

VICE-PRÉSIDENT DE LA SOCIÉTÉ MÉTÉOROLOGIQUE DU DÉPARTEMENT ;

MEMBRE DU CONSEIL GÉNÉRAL DE LA CORSE ;

MEMBRE CORRESPONDANT

DE LA SOCIÉTÉ CENTRALE D'AGRICULTURE DE FRANCE ET DE LA SOCIÉTÉ DE MÉTÉOROLOGIE

DE PARIS ;

CHEVALIER DE LA LÉGION D'HONNEUR.

Traduction réservée.

DÉPOT

CHEZ M. DE PERETTI,

LIBRAIRE À AJACCIO.

1875.

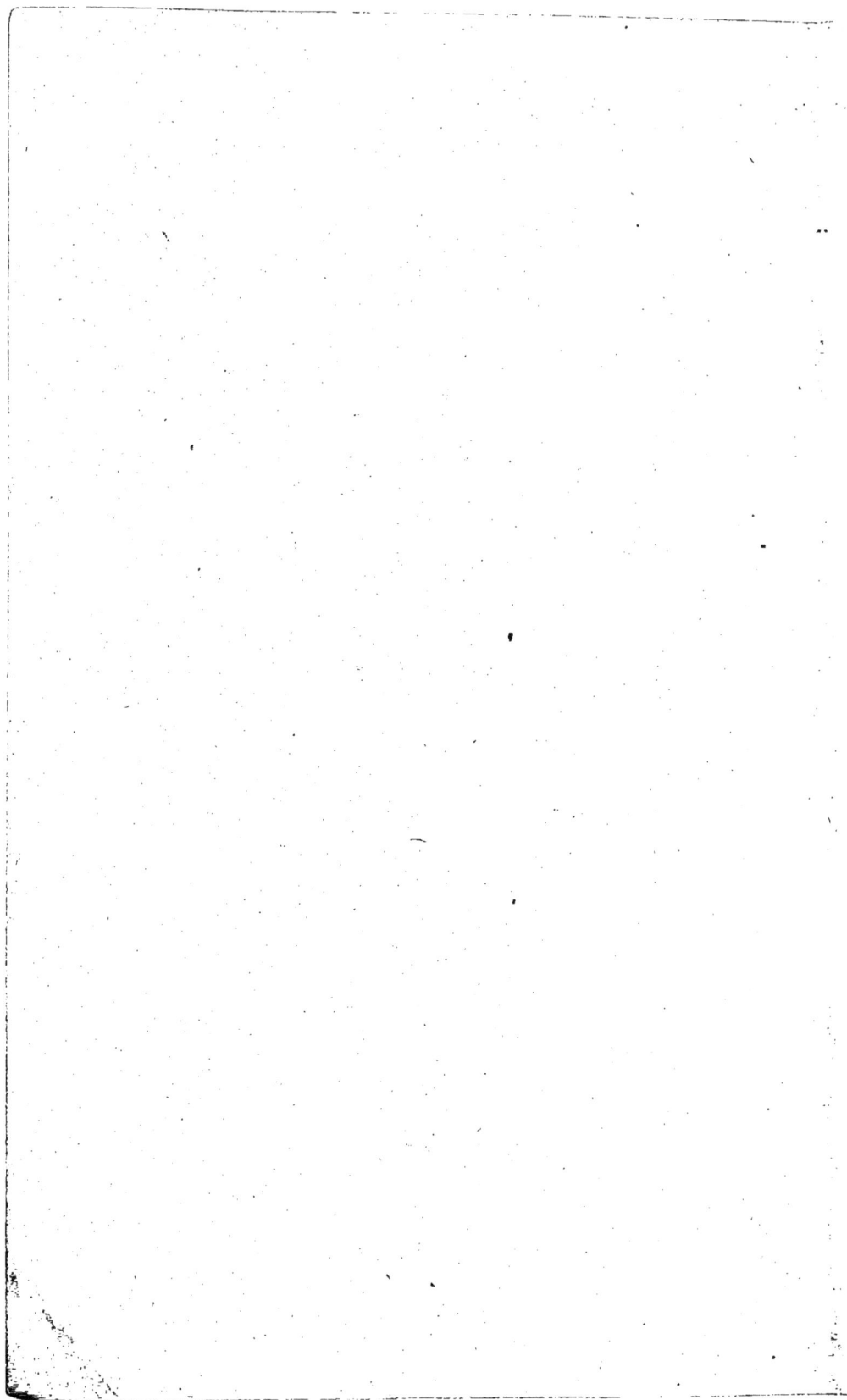

ASSAINISSEMENT

DES

RÉGIONS CHAUDES

INSALUBRES

PAR

Régulus CARLOTTI,

PRÉSIDENT DE LA SOCIÉTÉ LOCALE DES MÉDECINS DE LA CORSE ;

MEMBRE DE L'ACADÉMIE NATIONALE AGRICOLE ET MANUFACTURIÈRE ;

VICE-PRÉSIDENT DE LA SOCIÉTÉ MÉTÉOROLOGIQUE DU DÉPARTEMENT ;

MEMBRE DU CONSEIL GÉNÉRAL DE LA CORSE ;

MEMBRE CORRESPONDANT

DE LA SOCIÉTÉ CENTRALE D'AGRICULTURE DE FRANCE ET DE LA SOCIÉTÉ DE MÉTÉOROLOGIE

DE PARIS ;

CHEVALIER DE LA LÉGION L'HONNEUR.

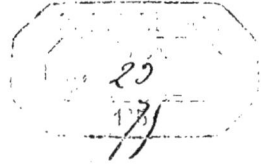

AJACCIO,

IMPRIMERIE A. F. LECA.

—

1875.

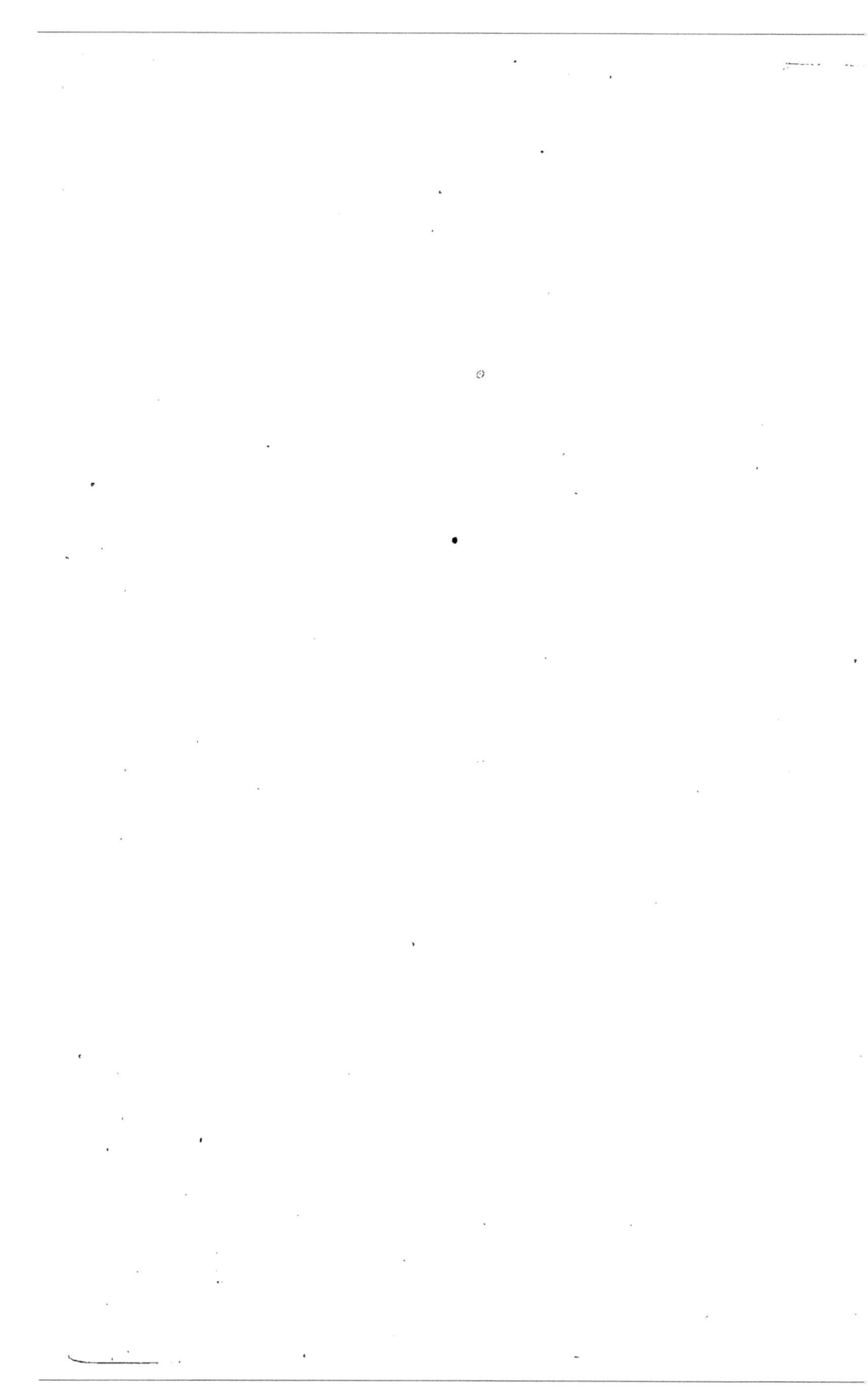

PRÉFACE.

Il existe encore dans toutes les parties du Globe, des régions plus ou moins étendues où les populations qui les habitent, sont sans cesse exposées à être décimées par des maladies meurtrières.

Parmi ces maladies, il y en a qui, comme le choléra-morbus, la fièvre jaune et le *vomito nero* ont des foyers limités ; mais une fois qu'elles ont éclaté dans les lieux d'origine, elles se propagent avec la plus grande rapidité, sément en quelque sorte sur leurs pas le désolation et la mort. (1)

On peut en dire peut-être autant du typhus exantémathique qui, comme l'a prouvé M. Chauffard, a lui aussi des endroits de prédilection, des foyers d'où partent pour ainsi dire des rayons multiples qui se propagent au loin et augmentent le nombre des victimes des maladies endémiques, épidémiques et contagieuses.

Mais le moyen spécial qui nous semble pouvoir empêcher le développements des autres endémies ne peut être appliqué à la prophylaxie du typhus exanthématique, lorsque comme cela arrive souvent. il se manifeste dans les climats froids. Nous croyons, au contraire, qu'il serait possible sinon d'anéantir les causes d'un grand nombre de maladies endémiques et épidémiques, du moins d'affaiblir la force en action.

On agite aujourd'hui tous les problèmes sociaux, on discute

---

(1) On sait que la fièvre jaune n'étend pas ses ravages beaucoup loin des ports de mer ; mais elle n'en est pas moins un des plus grands fléaux de l'humanité.

sans cesse sur les moyens d'améliorer les conditions des classes peu fortunées. Il nous semble donc que l'on ne peut refuser d'examiner sérieusement s'il peut-être possible de diminuer la force de ses ennemis invisibles de la vie humaine, qui frappent des coups redoublés et précipitent dans la tombe tant d'individus encore dans la force de l'âge.

C'est dans le sol et dans l'eau que prennent naissance ces ennemis redoutables et c'est par l'air et par la boisson qu'ils s'introduisent dans nos organes. Ce sont donc ceux dont la tache est de forcer la terre à produire pour subvenir à leur existence et à celle de leurs semblables qui sont le plus exposés à subir l'action des émanations délétères.

Améliorer les conditions d'existence des producteurs, c'est le premier devoir de ceux que la Providence ou les circonstances ont placés à la tête des nations. C'est le privilége des économistes, des savants, de tous ceux qui peuvent exercer quelque ascendant sur les Gouvernements ou les populations de leur en indiquer les moyens.

Or les conditions d'existence des producteurs ne peuvent être améliorées d'une manière durable et sérieuse tant que leur santé et leur existence même sont exposées à des dangers contre lesquels ils ne peuvent se prémunir.

Nous croyons à la possibilité de faire cesser ou au moins diminuer nous l'avons déjà dit ces dangers ; et nous allons faire connaître le résultat de nos études à ce sujet.

Si, comme nous avons lieu de le craindre, nous ne sommes pas assez heureux pour éveiller l'attention et l'intérêt de ceux qui ont le pouvoir de modifier les climats insalubres par des travaux et des opérations dont l'utilité sera démontrée dans le cours de notre travail, il nous restera la satisfaction d'avoir accompli un devoir de conscience.

Plus tard des voix plus autorisées que la nôtre, prendront en main la cause de l'humanité dans ses parties les plus fondamentales, c'est-à-dire la modification de l'hygiène publique par les moyens que nous conseillons. Le XIX⁰ siècle n'aura pas touché à sa fin, nous en avons la conviction, avant que ces moyens ne soient universellemect appliqués.

CHAPITRE Ier.

Les causes générales d'insalubrité.

On ne pourrait pas, sans se rendre compte des causes d'insalubrité et de leurs effets, appliquer avec succès, les moyens d'assainissement propres à modifier l'air des localités malsaines.

Les causes d'insalubrité ont été étudiées ; ainsi nous pensons ne pouvoir ajouter beaucoup à la somme des connaissances que l'on possède déjà à ce sujet. Nous nous bornerons presque exclusivement à résumer les observations des médecins qui ont pratiqué dans des régions malsaines, ou des savants qui se sont livrés à des expériences météorologiques dans les mêmes contrées.

Une première condition pour qu'il y ait insalubrité permanente ou se manifestant chaque année à certaines époques, c'est que la température de l'atmosphère soit sensiblement élevée pendant la plus grande partie de l'année. La seconde, peut être la principale, c'est que le sol contienne des débris

organiques en décomposition ou d'autres éléments dont on a
constaté l'action nuisible sur l'économie animale. (1) Les
eaux croupissantes contenant toujours en plus grande
quantité de ces débris, l'existence des marais dans les régions
chaudes, c'est notoire, est un indice certain d'insalubrité.

Nous croyons que l'abondance des débris organiques suffit
pour donner à l'air un degré d'infection suffisant, pour produire l'intoxication de l'économie animale. Ce n'est pas des
marais seuls que s'échappent des émanations nuisibles :
ainsi les terrains d'alluvion les plus fertiles, dès qu'on ramène
à la surface par des labours la partie qui n'a pas encore senti
l'action du soleil, répandent une forte dose de miasmes.
dans l'atmosphère.

Il est aussi établi par des faits nombreux et concluants que
lorsqu'on remue profondément sur d'assez vastes étendues,
des terrains vierges, des épidémies ou du moins des fièvres
en plus grand nombre se manifestent parmi les hommes
occupés aux travaux de défoncement ou de terrassement, ou
sur ceux qui séjournent à proximité des lieux où les travaux
sont exécutés.

Les médecins militaires de la France n'ont eu que trop à
combattre les maladies infectieuses dans les deux hémisphè-
res, et ils ont reconnu que ces maladies se montrent sous
forme endémique ou endo-épidémique dans les régions où le
sol est plus fécond, et où l'homme n'en a pas épuisé la
fécondité.

« Depuis la conquête de l'Algérie, dit M. le professeur
Colin, (2) combien de nos confrères ont établi la fréquence

(1) Les climats de la Beauce et de la Sologne et d'autres localités du centre
de la France, ne peuvent pas être classés parmi les climats chauds. Cependant les fièvres intermittentes y sont endémiques ; mais l'intoxication ne s'y
produit que pendant l'époque des chaleurs. Quoique ses manifestations tardent
à se produire quelquefois, lorsque l'atmosphère est refroidie. On pourra
certainement assainir ces contrées par le dessèchement des eaux stagnantes et
par la culture ; mais ce n'est pas à ces contrées que pourra être appliqué le
moyen spécial que nous conseillons pour les climats chauds. Ce ne sont donc
que ces derniers qui sont l'objet de nos études.
(2) Traité des fièvres intermittentes par Léon Colin, médecin principal de l'armée, professeur à l'école de médecine militaire d'application. (Val-de-Grâce).

des fièvres sous la simple influence des émanations du sol, surtout quand inculte depuis longtemps et soustrait au contact de l'atmosphère ce sol est mis subitement à nu, soit par le défrichement, soit par différents travaux d'art, terrassements, fortifications, constructions de canaux, de routes de voies ferrées. »

En général, l'état des régions, sous le rapport de la salubrité, est en raison directe du développement de l'agriculture. Dans les pays où cet art n'est pas encore sorti tout à fait de la période pastorale, s'ils appartiennent à la catégorie des pays chauds, des maladies endémiques y règnent tous les ans. Il en est ainsi en Algérie, en Corse, dans la campagne romaine et dans une infinité de localités de l'ancien et du nouveau monde qu'il n'est pas nécessaire d'énumérer.

Il n'y a qu'un vaste continent dans le nouveau monde, qui fasse exception à la règle générale. L'étude approfondie du climat de cette contrée (1) — nous en ferons connaître les raisons en temps opportun — nous met sur la voie des moyens d'assainir ceux qui sont encore insalubres.

Si l'on n'a pas perdu de vue les remarques qui précèdent on aura facilement l'explication de l'apparition sous forme épidémique des pyrexies, dans des localités où elles n'étaient pas endémiques. Dans plusieurs villages et même dans certaines villes on laisse amasser les déjections fécales et les ordures de toute espèce au pied des habitations. Si une pluie survient au commencement de l'été, ces matières entrent en fermentation.

Nous n'avons énuméré, comme on le voit, que les causes d'insalubrité à peu près permanentes, ou inhérentes au sol : ce sont celles qui, d'après nous, peuvent être anéanties ou neutralisées dans les pays chauds. Il existe cependant, nous ne l'ignorons pas, d'autres causes morbifiques qui peuvent être aussi du ressort de l'hygiène publique, comme les aliments de mauvaise qualité, la malpropreté des habitations

---

(1) Nous faisons les plus vives instances à nos lecteurs pour qu'ils n'oublien pas le fait capital auquel nous faisons allusion.

·et l'encombrement dans les chambres à coucher. La misère peut aussi donner lieu à des fièvres typhoïdes, qui spoaradiques d'abord, finissent par être épidémiques et même contagieuses.

Mais l'étude de la prophylaxie de ces maladies ne fait pas partie du cadre que nous nous sommes tracé.

CHAPITRE II.

Causes des pyrexies telluriques.

Nous pourrions presque nous dispenser d'énumérer les circonstances causales auxquels sont dues les pyrexies qui sont le produit d'un agent extérieur ; car celles dont il a été parlé dans le précédent Chapitre sont les principales. Il y en a néanmoins d'autres, du moins d'après ce que nous avons observé en Corse, qui méritent d'être signalées.

Nous plaçons en première ligne ce qu'on appelle dans notre pays les makis et en Afrique les dalhiers. Ce sont de vastes surfaces couvertes de broussailles et d'arbustes rabougris : ils sont seulement utilisés pour la nourriture des chèvres ou d'autres animaux qui y trouvent à peine de quoi ne pas mourir d'inanition, Les feuilles qui pourrissent au pied des arbustes et entre les broussailles, y trouvent une humidité presque constante et dès que le soleil pénètre jusqu'aux détritus, des vapeurs aussi nuisibles que celles des marais, s'en dégagent.

Nous rangeons en seconde ligne les eaux servant de boisson habituelle. Les eaux des torrents et des rivières dont nos cultivateurs de la plaine sont obligés de faire usage pour se désaltérer et pour la cuisiue, peuvent être employées pendant l'hiver et une partie du printemps. Mais une fois les chaleurs arrivées, le volume de l'eau des torrents et des rivières diminue et les débris organiques ou des infusoires commencent à s'y montrer. Sur certains points de nos plai-

nes on n'a pas d'autre eau en été : sur d'autres ont est obligé
de s'abreuver à de petites sources ou à des puits : les premières émanent d'un sol qui contient en abondance des éléments d'infection ; les seconds sont creusés dans le terrain
même d'où provient l'infection.

La remarque de Cabanis que les eaux ont une large part
dans la production des fièvres. nous a semblé juste : elle
nous paraît amplement confirmée par les observations du
docteur Blanc, médecin militaire des armées Britanniques,
qui au Congrès scientifique tenu à Lyon en 1872 a affirmé
que l'eau était le véhicule choisi de préférence pour la
transmission du choléra. (1).

Viennent ensuite les débordements des torrents et des
rivières qui couvrent de limon des espaces considérables :
l'eau se retire ensuite lentement et avant que le limon soit à
sec, l'atmosphère est déjà profondément viciée. Dans les
endroits même où les rivières sont encaissées il se forme en
été des mares où pullulent des insectes qui s'y noyent et y
pourrissent. On ne peut expliquer autrement la fréquence et
la gravité des fièvres dans des vallées éloignées des marais et
où la terre est en général bien cultivée.

Sur le littoral de la Corse, comme dans plusieurs contrées
de l'Italie et ailleurs, les étangs poissonneux où l'eau salée
est mêlée à l'eau douce, ont aussi une bonne part dans l'infection de l'atmosphère. C'est une circonstance qui ne doit
pas être oubliée parce que les étangs ne pouvant pas être desséchés complètement — nous pensons même qu'il y aurait
danger à les dessécher — on reconnaîtra qu'il faut aviser aux
moyens d'empêcher qu'ils donnent des émanations nuisibles
et de rendre inoffensives celles qu'on ne pourrait empêcher.

Les citernes placées dans les jardins, pour retenir l'eau
destinée à l'arrosage, sont également des foyers d'infection,
dont l'action se manifeste avec plus ou moins d'intensité,
selon la capacité des bassins.

Nous connaissons des endroits où l'insalubrité ne pouvait

(1) Revue des Deux-Mondes. — Livraison dr 1er Octobre 1873.

être attribuée qu'au varech en pourriture sur les bords de la mer.

Il arrive très-souvent, nous l'avons constaté, que les habitants des endroits de mauvais air, jouissent en apparence d'une parfaite santé, pendant qu'ils y séjournent. Aussitôt qu'ils les quittent, pour des lieux plus frais et plus élevés, un trouble général se manifeste dans leur économie, et une fièvre plus ou moins grave accompagnée d'embarras gastriques se déclare aussitôt. Cela prouve que les brusques changements d'atmosphère ont une certaine influence pour hâter les manifestations de l'intoxication et rendre ainsi plus nuisible l'insalubrité du climat des régions chaudes.

Les brusques changements d'atmosphère ou les refroidissements subits qu'on désigne en Corse sous la qualification de courants d'air, ne produisent. nous en sommes convaincu, les fièvres telluriques que sur les personnes qui ont déjà ressenti l'action du miasme. Leur action sera en raison inverse de la force de résistance vitale des individus. Ceux qui ont enduré des fatigues et dont la nourriture a été peu substantielle, sont atteints les premiers, et leur existence est plus sérieusement menacée.

Ce ne sont pas seulement les endroits où naissent les miasmes qui en ressentent les effets. Leur action se manifeste souvent à de grandes distances et toujours dans la direction des vents qui passent par les localités d'où les émanations s'élèvent.

Nous pourrions citer dans notre île même plusieurs villages dans les meilleures conditions de salubrité possible, dans le territoire desquels il n'existe aucune cause d'insalubrité, et où cependant éclatent de temps en temps des épidémies de fièvres intermittentes simples et pernicieuses. L'on a remarqué que la manifestation de ces épidémies a été toujours précédée de vents ayant parcouru les sites infects.

Le fait que nous venons de mentionner n'est pas spécial à la Corse : il se reproduit annuellement dans toutes les contrées où règne le mauvais air.

Un fait peu connu, dit M. Colin (1) c'est que l'élévation d'une localité, si elle n'est pas assez considérable pour mettre cette localité au-dessus du niveau atteint par le miasme, ne la rendra nullement plus salubre que celles qui sont au-dessous d'elle, et la rendra parfois plus dangereuse à ses habitants. (2)

S'il en est ainsi comme d'ailleurs des millions de faits le prouvent, les ravages qu'exerce sur l'humanité le mauvais air, ne sont que trop considérables. Mais nous tenons à ce que nos lecteurs soient complétement édifiés à ce sujet.

CHAPITRE III.

Effets du mauvais air dans les régions intertropicales (3).

Nous rangeons parmi les climats intertropicaux ceux où les hivers sont à peu près inconnus, où la température moyenne est de 15 ou 17 degrés au-dessus de zéro et où dans l'été elle dépasse 32 centigrades.

C'est la température moyenne du littoral de la Corse et de la Sardaigne : elle est un peu plus élevée dans la zone maritime de l'Algérie et de la Sicile, à Malte, à Gibraltar dans les îles de la Grèce, et surtout dans plusieurs régions du nouveau monde. Elle l'est moins dans la campagne romaine

---

(1) Nous croyons devoir reproduire la note explicative dont M. Colin fait suivre ce passage. Des observations analogues ont été faites en certaines stations du littoral de la Méditerranée, (Malaga, Gibraltar, Minorque, Sicile) où des localités situées à des altitudes insuffisantes, sont plus atteintes que des localités moins élevées. Le même fait a été observé au Mexique par M. Libermon, lequel a constaté que dans la vallée du Mexique, les plus grands centres de fièvre ne se trouvent pas aux bords des lacs et des marais, mais bien dans des villages situés sur les flancs des montagnes qui bornent le bassin du Mexique.

(2) Loco citato.

(3) Les manifestations morbides, différant par leur intensité, et même plusieurs fois par leur nature, selon la température plus ou moins élevée de l'atmosphère. quoique les moyens d'assainissement à opposer soient les mêmes, nous avons cru devoir étudier l'action des deux espèces de climats fortement insalubres.

et d'autres parties de l'Italie où les pyrexies telluriques sont également endémiques et graves.

Dans toutes ces contrées le terrain est en général d'une grande fertilité et s'il n'attire pas à lui le nombre nécessaire de travailleurs, pour qu'on en retire tout ce qu'il peut produire, c'est que les familles peu fortunées elles-mêmes se résignent à vivre dans la pauvreté et peut-être dans la misère, plutôt que de s'exposer au danger de perdre la santé sinon la vie.

Leurs craintes sont-elles fondées ?

Nous allons résumer les faits que nous avons fait connaître dans un autre travail. (1)

On peut fixer à douze mille le nombre des individus qui passent l'hiver, le printemps et le commencement de l'été dans la zone du littoral de la Corse. Huit mille au moins sont atteints de différentes maladies se divisant ainsi : six mille de fièvres intermittentes de divers types, mille de fièvres intermittentes pernicieuses, cinq cents de fièvres subcontinues bilieuses ou nerveuses, et cinq cents environ de dyssentérie.

Les deux mille qui échappent aux maladies aigües ne reçoivent pas moins les atteintes du mauvais air, lorsqu'ils prolongent, pendant quelques années leur séjour dans les endroits infects.

Les fièvres intermittentes simples et même compliquées peuvent être et sont en effet facilement arrêtées ; mais quoique les accès ne reviennent pas immédiatement après un traitement, la guérison n'est pas radicale (2). Les fièvres récidivent un grand nombre de fois dans la plupart des cas et avant qu'elles cessent entièrement, l'individu qui en a été atteint, a mené pendant quatre ou cinq mois, une vie languissante et est demeuré incapable de se livrer à aucun travail. Ces fièvres, d'après les calculs auxquels nous nous sommes

---

(1) Du mauvais air en Corse — Ses causes, son action — Moyens d'assainissement — Mémoire publié en 1869.

(2) Ce que tout le monde ne sait pas, ce qu'un grand nombre de médecins, semblent ignorer, c'est que couper la fièvre n'est pas synonyme de la guérir

livré, occasionnent chaque année en Corse, une perte de huit cent mille journées de travail.

Tous ceux qui conservent quelques sentiments d'humanité ne peuvent se dispenser de gémir sur les souffrances de tant d'individus peu fortunés qui ne peuvent se procurer que par le travail les moyens de pourvoir à leur subsistance. et qui sont obligés de passer dans l'inaction des mois entiers,

Ajoutons que même après que les fièvres ont disparu. ils restent faibles, ayant perdu avec leurs forces physiques, l'activité de l'intelligence.

Parmi ceux qu'atteignent les fièvres pernicieuses les fièvres bilieuses et les dyssenteries, la moitié succombe avant d'être secourue ou malgré les secours de la médecine et l'autre moitié ne recouvre complètement la santé qu'après une convalescence qui se prolonge pendant deux et trois mois.

Aux fièvres succède souvent la cachexie et l'anemnie palustres, mais celles-ci sont encore le résultat d'une intoxication lente, opérée sans que l'individu qui la subit, ait en quelque sorte conscience du travail de désorganisation qui se produit dans son être.

Les médecins de l'armée d'Afrique ont décrit les caractères de la cachexie palustre dont les symptômes prédominants sont coloration jaune terreuse de toute la surface du corps, hydropisies remarquables par leur généralisation, développement du foie et de la rate et vénosité abdominale qui en est le résultat.

Si, ce que nous avons observé en Corse se reproduit dans les régions intertropicales où les émanations telluriques sont d'une nature identique à celles de notre littoral, nous pouvons affirmer que le six pour cent au moins des habitants de ces contrées n'échappe pas aux atteintes de la cachexie palustre : ce sont autant d'êtres inutiles pour la société, lorsqu'ils ne lui sont pas à charge.

La question est résolue pour ceux qui savent combien le climat d'Afrique a fait de vides dans notre armée, combien de nos soldats ont laissé leur dépouille mortelle à Rome et aux environs, et combien. d'entre eux sont retournés dans leur patrie à l'état de cadavres ambulants.

La médecine par bonheur possède, chacun le sait, un moyen héroïque et vraiment spécifique pour traiter les fièvres telluriques, et en effet par les préparations quinacées et et surtout le sulfate de quinine, on sauve la vie à des millions d'individus qui auraient infailliblement succombé, aux atteintes de la maladie.

Mais qu'elle que soit l'energie d'action des préparations quinacées et quelles que soient la vigilance et l'activité des médecins, les fièvres telluriques ne peuvent pas toujours être traitées avec succès.

S'il est vrai que les fièvres intermittentes simples sont arrêtées avec facilité et que les décès occasionnés par elles sont à peine d'un sur cent trente huit malades, il n'est pas moins vrai que souvent la guérison n'est qu'apparente et que la cachésie, conséquence des fièvres plusieurs fois réchutées, augmente le nombre des victimes.

D'un autre côté, les médecins n'en font que trop la triste expérience, dans les cas de fièvres pernicieuses de diverses formes, il succombe au moins un malade sur cinq et quelquefois un sur deux. (1)

Mais quand même on pourrait se faire illusion à ce sujet et croire que tous les individus qui subissent l'intoxication tellurique, peuvent guérir, aucun doute ne peut exister au point de vue de l'économie politique, sur l'influence nuisible de cette intoxication.

Nous croyons l'avoir prouvé et nous nous bornerons à faire une dernière remarque. C'est à cause du mauvais air que tant de contrées fertiles demeurent improductives même dans notre vieille Europe, où la température du climat n'est pas trop élevée, car elle se maintient dans cette moyenne qui favorise au lieu d'entraver la végétation. Ces contrées une fois

---

(1) Parmi nos soldats en Algérie, M. Maillot a perdu 38 malades sur 186, atteints de fièvre pernicieuse, le cinquième environ. C'est la proportion que nous avons eue à Rome ou pour notre compte particulier nous avons en 1864, perdu six malades sur 27.
Colin loco citato.

assainies, la production augmentera infailliblement dans des proportions considérables.

Examinons maintenant quels sont les effets de l'intoxication tellurique dans les climats tropicaux.

CHAPITRE IV.

Effets du mauvais air dans les régions tropicales.

Puisque, comme les faits l'ont mis en évidence, l'action des émanations telluriques est en raison directe de l'abondance des débris organiques et de l'élévation de la température de l'atmosphére, on peut se faire une idée exacte de la force redoutable de ces émanations dans les localités où les rayons du soleil rendent la terre brûlante et l'air si raréfié qu'il suffit à peine à alimenter la respiration.

« Aux Indes, (1) à Cayenne le poison tellurique est si violent que les européens, comme nous le rapporte Lind, ne peuvent y creuser une fosse pour leurs morts sans risquer d'être eux-mêmes foudroyés. »

Il ne faut pas cependant croire que la chaleur suffise à elle seule pour produire les maladies que nous voudrions prévenir.

Où le sol n'existe pas, comme en mer par exemple, dit l'auteur que nous avons si souvent cité et que nous aurons encore à citer, on observera peut-être des accidents dûs uniquement à la chaleur : des insolations, des apoplexies cérébrales et surtout pulmonaires, mais on n'observera pas la fièvre parce que lacause principale de sa production, la condition tellurique, fait défaut.

Il est si vrai que si la chaleur est un des agents principaux qui concourent à la formation du miasme et à son introduction dans l'atmosphère, ce n'est pas par elle que l'intoxication se produit. L'on a en effet constaté que c'est pendant la nuit

_____

(1) Colin loco citato.

avant le lever et après le coucher du soleil que le mauvais air fait sentir sa funeste influence sur les personnes.

Ce ne sont pas seulement des fièvres d'une extrême gravité qui règnent par l'effet des émanations telluriques dans les régions tropicales ; il y a d'autres maladies meurtrières qu'y sont endémiques. ce sont entre autres le choléra-morbus et la fièvre jaune Nous nous bornerons à établir l'étiologie de première. quant à celle de la seconde, elle est trop bien connue pour que nous puissions nous dispenser de nons appesantir sur son origine.

Au surplus la fièvre jaune ne dépasse presque jamais les limites de son domaine habituel, tandis que le choléra après s'être manifesté sous forme épidémique dans l'Inde, acquiert des qualités contagieuses et se propage avec une rapidité effrayante.

Nous croyons être en mesure de démontrer qu'on peut éteindre le foyer de cette terrible maladie, constituant une véritable épée de Damoclès, tenant toujours en éveil l'Europe et l'Asie.

L'on n'aura pas encore perdu le souvenir des épidémies de choléra asiatique qui dans l'espace de quarante ans ont fait en quelque sorte le tour du monde A la suite de la dernière qui eut lieu en 1865, une conférence internationale composée de médecins éminents et de diplomates celèbres, fut tenue à Constantinople.

Il résulte des recherches et des travaux de cette conférence qu'un de ses membres les plus distingués, le docteur Fauvel a publiés. (1)

1° Que le choléra règne de préférence comme maladie endémique ; avec une tendance à revêtir à de certaines époques une forme épidémique, dans le Bengale en général, mais surtout dans la ville de Calcutta et avec moins d'intensité dans les stations de Cawnpore Allahabad et leurs environs ; et pour ce qui concerne les autres parties de l'Inde, à Arcot près de Madras et à Bombay.

(1) Le choléra. -- Etiologie et prophylaxie, etc.
Exposé des travaux de la conférence internationale de Constantinople mis en ordre et précédés d'une introduction par M. A. Fauvel.

2° Qu'il se montre comme maladie épidémique paraissant tous les ans, avec plus au moins de violence dans les villes de Madras, Conjéveram, Poore. (Juggurnath) Trippetty, Mahadeo, Trivellore et dans d'autres endroits où ont lieu des agglomérations de pélérius hindous.

Ce sont donc, on le voit, principalement les vallées du Gange qui sont le foyer du choléra asiatique ce sont on ne peut le mettre en doute des miasmes telluriques qui le produisent. La nature intime de ces miasmes n'es pas identique à celle du miasme auquel sont dues les fièvres intermittentes : et ils doivent différer aussi des émanations qui engendrent la fièvre jaune.

Nous ne voudrions pas que l'on pût supposer que l'extrême élévation de la température fut la cause principale des maladies dont nous parlons.

« Il est impossible de méconnaître, dit M. Fauvel, (14) qu'au Bengale, comme dans la généralité de l'Inde et partout ailleurs du reste, la saison chaude exerce une influence favorable au développement épidémique du choléra. Mais ce n'est là qu'une circonstance adjuvante soumise à de nombreuses exceptions ; on ne saurait y voir, même dans l'Inde. une condition *sine qua non* du développement épidémique ; à *fortiori* cette raison considérée isolément ne saurait-elle être considérée, comme la cause de l'épédimicité. »

Malheureusement le choléra n'est pas comme les fièvres intermittentes qui restent limitées au foyer de production. Dès qu'il a éclaté à Calcutta ou à Bombay, il se transmet de proche en proche jusqu'aux contrées les plus reculées.

La transmissibilité du choléra, dit M. Fauvel, est prouvée : 1° par la marche des épidémies considérées en général ; 2° par les faits bien constatés de propagation après importation de la maladie ; 3° par l'évolution des épidémies dans les localités atteintes ; 4° enfin par l'efficacité de certaines mesures préventives.

Nous ne suivrons par la conférence internationale dans

---

(14) Loco citato.

l'énumération des faits qu'elle cite à l'appui de ses asertions :
il y en a pourtant quelques-uns que nous ne saurions passer
sous silence, parcequ'ils suffisent à eux seuls pour prouver
que le choléra, quoiqu'il n'ait qu'une seule région où il soit
endémique , ne limite pas ses ravages à cette région.. Sa
propagation se fait par les courants purement humains.
« Jamais cette loi de propagation, dit M. Fauvel n'a été mieux
mise en évidence pour nous que par l'épidémie de 1865.
Importée par les pélerins venus des Indes, elle éclate à la
Mecque pendant les fêtes des Courban-Baïram en mai ; elle
suit les pélerins dans leur retour par l'Egypte et apparaît à
Alexandrie dans les premiers jours de Juin après l'arrivée
des Hadjis par le chemin de fer de Suez.

« D'Alexandrie, devenue rapidement un vaste foyer, le
choléra rayonne dans toutes les directions suivies par la
navigation à vapeur. Bientôt il éclate presque simultanément
à Beyrouth, à Smyrne, à Constantinople, à Malte, à Ancône,
à Marseille c'est-à-dire là où ont abouti les principaux courants partis d'Alexandrie. tandis qu'il ne se montre sur aucun
des autres points du littoral.

Un fait mis en évidence par la Commission internationale
mérite de fixer l'attention générale, le voici :

« Rien ne prouve que le choléra puisse se propager au
loin par l'atmosphère seule, *dans quelque condition qu'elle
soit* ; et qu'en outre c'est une loi, sans exception, que jamais
une épidémie de cholèra ne s'est propagée d'un point à un
autre dans un temps plus court que celui nécessaire à l'homme pour s'y transporter.

L'infection miasmatique, donnant naissance aux fièvres
telluriques , ne produit pas sur tous les individus qui
l'ont subie des effets identiques. Les uns seront atteints
de pernicieuses , tandis que les autres n'auront que des
intermittentes simples et bénignes , quoiqu'ils aient tous
séjourné un même espace de temps, à la même époque et
ensemble dans une contrée de mauvais air. Il en est de même
pour l'infection cholérique qui ne se manifeste souvent que
par une diarrhée de peu d'importance. Mais l'infection spéciale ou spécifique productive du choléra diffère essen-

tiellement de celle qu'engendre les fièvres intermittentes.

La première reste limitée à l'individu qu'il a frappé ; elle ne se reproduit pas dans l'organisme humain, tandis que le principe cholérique se reproduit, et acquiert même plus de force. Des faits cités par Petten Kofer, Flirsih, Greinenges prouvent qu'un individu venant d'un foyer cholérique et atteint seulement de diarrhée, peut importer le choléra dans une localité saine et l'y propager même.

Nous en avons dit assez pour prouver que, toutes les nations, nous le croyons, sont intéressées à ce que le foyer du choléra cesse d'envoyer dans l'atmosphère des émanations pestilentielles.

Avant d'examiner par quels moyens on pourra rendre inoffensives ces émanations et celles qui donnent naissance aux pyrexies et à la cachexie tellurique, il faut chercher à connaître ce que l'on peut appeler la nature intime de l'élément actif de ces émanations.

CHAPITRE V.

Nature de l'élément morbifique des émanations telluriques.

Il est clair que, dès que nous admettons l'existence des miasmes, pour nous les fièvres intermittentes et à plus forte raison le choléra et la fièvre jaune et peut-être le typhus fever ne peuvent pas avoir pour cause essentielle, comme l'avaient prétendu MM. Burdel et Falchi, la soustraction prompte et rapide de l'électricité des couches inférieures de l'atmosphère.

Mais il ne suffit pas de reconnaître que ce n'est pas à un agent impondérable qu'est dûe la production des maladies endémiques ou endo-épidémiques, qu'elles soient ou non transmissibles, il faut se faire une idée exacte de cet agent ou de ces agents.

Les travaux de Pasteur et d'autres savants avant lui, comme de ceux qui ont répété ses expériences, prouvent, ainsi que le fait remarques M, Ferdinand Papillon, que l'atmosphère est le réceptacle de myriades de germes d'êtres microscopiques qui jouent dans le monde organisé un rôle considérable Agents pénétrants de corruption, sinistres ouvriers de maladies, ils épient sans cesse l'occasion de s'insinuer dans l'économie des plantes et des animaux dans la quelle ils causent des désordres graves.

Les variétés de ces êtres microscopiques, tout le prouve, sont innombrables et moins l'air est pur, plus ils y abondent; et il semble presque que chaque espèce ait un rôle particulier. On a pu constater, par exemple, que ce rôle est des plus étendus pour les vibrions et les bactéries que l'on trouve même dans le sang des individus atteints de maladies infectieuses et s'ils n'ont, remarque M. Ferdinand Papillon, avec beaucoup de celles-ci que des rapports de concomitance, ils en ont avec d'autres de causalité nettement établis. On sait que M. Davaine. le professeur Gubler et d'autres observateurs ont constaté la présence de nombreux infusoires dans les déjections des cholériques.

Ainsi l'origine parasitaire des maladies endémiques et endo-épidémiques, considérée jusqu'à ces dernières années comme hypothétique est aujourd'hui pleinement démontrée.

Les faits révélés au monde savant par le professeur Salisbury et les observations de plusieurs médecins, semblent de nature à dissiper tous les doutes. s'il en existe encore. On nous permettra en raison de l'importance du sujet, de reproduire textuellement (1) une grande partie du travail du savant professeur de Cleveland.

Après avoir expliqué par quelles observations antérieures il a été amené à soupçonner l'origine parasitaire des fièvres telluriques et les circonstances météréologiques qui précédèrent l'apparition de ces maladies, il s'exprime ainsi :

. (15) Ecole de médecine de Cleveland (Ohio) (Etats-Unis d'Amérique.) Cours de M J. J. Salisbury. Causes des fièvres intermittentes et rémittentes Traduit de l'anglais par Félix Terrier aide d'anatomie à la faculté de Paris. Ce travail a été publié pour la première fois dans la Revue des cours scientifiqnes. No du 6 novembre 1869.

« Les observations débutèrent par l'examen microscopique
de l'expectoration de tous ceux qui atteints de la maladie
demeuraient dans les endroits fiévreux et étaient exposés le
soir, la nuit et le matin aux exhalaisons et aux vapeurs épais-
ses, froides et humides.. provenant des étangs, des marais et
des terrains bas et inondés. En un mot ces recherches furent
faites sur des sujets qui complètement plongés dans une
atmosphère malsaine, étaient déjà plus ou moins atteints de
symptômes d'empoisonnement miasmatique.

« L'examen porta sur les premières secrétions solivaires
et sur le mucus de l'expectoration du matin. Ces secrétions
offrirent en grande quantité des zoosporadulls, d'animalcules,
de *diatours* de *dismédiæ*, de cellules et de filaments d'algues
et de spores *fungoids*. Les seuls corpuscules, constamment
trouvés dans tous les examens, et généralement en grande
abondance, furent de petites cellules oblongues, isolées ou
agglomérées offrant un surbus distinct entouré par une enve-
loppe cellulaire lisse et présentant un point sensiblement plus
clair ressemblant à un espace vide, situé entre le paroi cellulaire et le noyau. Ces caractères tous spéciaux me convain-
quirent de bonne heure, que ces productions n'étaient pas
fungoids, mais bien des cellules d'un genre d'algues *(Algoid)*,
ressemblaut fortement aux *palmellæ*. Ces observations furent
répétées sur un grand nombre d'individus des pays bas et
fiévreux et sur des personnes habitant des terrains élevés
éloignés de l'influence marécageuse.

« Toutes les fois qu'on examina les secrétions muqueuses
des personnes résidant au-dessus du niveau des régions à
fièvre, les corpuscules précédemment décrits furent toujours
absents, tandis que leur présence fut constante au-dessous
de la limite la plus élevée des pays féconds. »

Nous nous éloignerions trop de notre sujet si nous voulions
rendre compte de toutes les expériences par lesqnélles M.
Salisbury est parvenu à démontrer l'existence des cellules
dans les localités malsaines et à constater que ces organites
sont l'instrument immédiat de l'intoxication tellurique.
Nous nous bornerons à signaler une expérience probante,

répétée avec le même résultat par les médecins composant le congrès médical.de Lyon en 1872.

De la terre tirée d'une localité malsaine et contenant les cellules dont il a été parlé, a été placée sur les bords de la fenêtre d'une chambre où couchaient deux jeunes gens, qui n'avaient jamais habité un district malsain. Tous les deux ont été atteints de fièvre intermittente. Ce fait observé sur les bords de l'Ohio s'est reproduit à Lyon, dans de la terre provenant du Delta du Rhône. On y a constaté la présence des Algues décrites par M. Salisbury, et deux jeunes gens robustes ont contracté la fièvre en couchant dans une chambre où cette terre avait été placée. Le moment où les individus, exposés aux émanations telluriques, ressentent les effets de l'intoxication semble, à M. Salisbury, et nous partageons son avis, prouver l'origine parasitaire des pyréxies dûes à cette intoxication. Tout le monde est d'accord pour reconnaître que celle-ci se produit pendant la nuit ou avant le lever et après le coucher du soleil.

Or les expériences de M. Salisbury l'ont amené à formuler les conclusions suivantes :

« 1• Les spores cryptogomiques et les autres corpuscules sont élevés au-dessus du sol surtout pendant la nuit: ils s'élèvent et restent suspendus dans les exhalaisons froides et brumeuses de la terre après le coucher du soleil et retombent sur le sol peu à près le lever du soleil ;

. . . .

« 4• Au-dessus du niveau des exhalaisons nocturnes ces corpuscules ne se montrent pas et les fièvres intermittentes n'apparaissent pas.

« 5e Pendant le jour, l'air des districts fiévreux ne contient pas un seul de ces spores palmelloïdes et ne renferme donc aucune des causes qui donnent naissance aux accès fébriles. »

Si l'on rapproche les faits mis en évidence par M. Salisbury et d'autres, de ceux qui révèlent la fermentation, la logique la plus rigoureuse arrive à cette déduction que l'infection est le produit des corpuscules organiques. On sait en effet

---

(1) Gubier et Bordier. — Voyez Bulletin général de théropeutique. — Livraison du 30 mars 1873.

que la fermentation ne peut pas se·produire dans de l'air
calciné. Chacun de ces corpuscules se comporte dans les
milieux qu'il occupe, selon sa nature, ce qui·mène à cette
loi : un ferment (1) est un être qui déplacé de son milieu,
change sa manière d'être et s'acomode à un nouveau milieu
que nous regardons alors comme fermentiscible. C'est la
conformité des lois de la fermentation avec celles des phénomènes morbides qui ne laissent aucun doute sur l'action
d'un certain nombre d'organites.

« Les médecins, disent MM. Gubler et Bodier (1) n'avaient
pas attendu l'extension de cette doctrine des ferments pour
chercher dans cet ordre d'idées l'explication d'un certain
nombre des phénomènes propres aux maladies virulentes.

« Busk (1852) attribuait le choléra à un parasite *(uredo
vegetum)* qui se comporterait dans le sang à la façon d'un
ferment.

« La fièvre palustre a été rattachée à une algue fibrigène
dont les sporules invisibles à l'œil nu, seraient contenus
dans la nappe d'air qui recouvre les marais. » (Luigi Qui-
cezii) (2).

MM. Gubler et Bordier , après avoir énuméré d'autres
maladies dont l'origine parasitaire est démontrée, formulent
nettement leur opinion affirmative relativement à cette origine dans les termes suivants :

« Mais ce sont surtout les travaux de Chauveau, de Coze,
de Feltz et de Dovaine qui ont généralisé ces doctrines et leur
ont donné en médecine, une importance qui s'impose aujour-
d'hui, quelles que soient d'ailleurs les objections qu'on
pourrait soulever à l'encontre d'un certain nombre de leurs
conclusions. (3)

En admettant même que non-seulement un certain nombre
de ces conclusions soient erronées et qu'il n'existe pas dans

---

(1) Loco citato.
(2) Ce n'est pas donc, comme on le voit, M. Salisbury seul qui attribue
aux organites les fièvres telluriques.
(3) On aurait tort de penser que nous accordons à la doctrine parasitaire
une trop grande importance. Nous croyons que les organites une fois introduit
dans notre économie animale, y produisent des altérations et des désordres
pouvant persister après la cessation de la cause morbifique.

les émanations telluriques des corpuscules nuisibles, on aurait tort de croire que les contrées où ces émanations se produisent, ne peuvent pas être complètement assainies par les moyens que nous proposerons. Ces émanations quelle qu'en soit la nature, ne peuvent agir sur l'économie animale sans être mêlées à l'air atmosphérique. Or nous croyons que si on ne peut pas toujours parvenir à en tarir la source, on peut les faire absorber ou les neutraliser, aussitôt qu'elles se produisent, par des végétaux que nous allons étudier.

Les végétaux dont nous parlons sont ceux du genre Eucalyptus et surtout l'*Eucalyptus globulus.*

CHAPITRE VI.

Description de l'Eucalyptus, (1)

M. le docteur Gimbert de Cannes qui a publié le résultat d'études si intéressantes sur l'eucalyptus. en donne la description suivante, empruntée à un ouvrage (2) de M. le docteur Muller directeur du jardin botanique de Melbourne (3).

L'eucalyptus globulus, gigantesque myrtacée est un arbre très élevé à rameaux tétragones au sommet. Les feuilles les plus jeunes sont subcordiformes, opposées, les autres alternes, diversement pétiolées, coriaces, unicolores, comme vernies aiguës et souvent contournées en faux depuis la base. ou étroitement lancéolées, allongées en macaroue et couvertes de nervures pennées saillantes, : les nervures de la circon-

(1) L'on a depuis ces dernières années, écrit beaucoup sur l'eucalyptus et tous ceux qui se sont occupés de cet arbre, en ont donné une description plus ou moins complète. Cependant il se pourrait que parmi ceux qui nous feront l'honneur de nous lire, il s'en trouve quelques-uns auxquels il est encore inconnu et qui seront bien aises d'en avoir une idée.

(2) *L'Eucalyptus globulus* — son importance en agriculture, en hygiène et en médecine. Paris, Adrien de la harpe, 1870.

(3) La traduction en est tirée, dit M. Gimbert du Chapitre XII des *fragents photographiés Australiens*.

férence sont éloignées des bords. Les fleurs sont axillaires, géminées ou ternées sessiles ou munies d'un pédoncule court, large, comprimé. Les boutons floraux sont pruineux verruqueux, ridés ou presque lisses, à double opercule. Le tube du calice est souvent hémisphérique ou pyramidal, turbiné anguleux, ou pourvu de côtes rares égalant presque l'opercule inférieur, déprimé hémisphérique ou subitement en forme de bouclier depuis le centre. Les filets des étamines sont allongés, les anthères subovales. Leurs fruits grands sont souvent hémisphériques ou déprimés turbinés : ils sont de 4, 5 à 6 loges, le sommet de la capsule est élevé et un peu convexe. Valves delthoïdes graines sans ailes. »

Depuis 1865, époque de notre première plantation d'eucalyptus en Corse (1) nous l'avons assez étudié pour pouvoir donner une idée exacte de ses qualités extérieures à ceux qui ne le connaîtraient que par ses caractères botaniques que nous venons d'énumérer.

L'eucalyptus (2) qui doit être placé à demeure très-jeune, commence à jeter des rameaux opposés près du sol. La croissance des rameaux latéraux s'arrête dès que l'arbre atteint une hauteur de deux à trois mètres. Les premiers rameaux alors s'étiolent au bout d'un certain temps, s'ils ne sont pas taillés, ils se désséchent. Nous avons eu mille fois occasion de constater que l'eucalyptus, si le terrain et le climat lui conviennent, croît en longueur cinquante centimètres par mois. Dans une propriété du grand séminaire près d'Ajaccio, dans le jardin de la Préfecture, et à Castelluccio même, nous en avons mesuré plusieurs qui avaient atteint douze mètres après deux ans de plantation. Sa croissance en grosseur ne paraît marcher rapidement qu'après la deuxième année. Nous en avons cependant vu qui après onze mois de plantation, avaient acquis plus de 17 centimètres de circonférence. La presque totalité des plantations de la Corse semble dépasser

---

(1) Les premiers essais ont été faits dans les terrains de la Colonie horticole de St Autoine près d'Ajaccio, que nous avons administrée du 1er juillet 1861 au 30 juin 1866.

(2) Nous consacrerons un Chapitre au système de culture que réclame l'eucalyptus.

la moyenne de la grosseur constatée par M. Lambert (1) en Algérie. Il la fixe ainsi qu'il suit, savoir :

A 1 an 10 centimètres de circonférence à un mètre du sol.

A 2 ans 13 — —
A 3 ans 30 — —
A 4 ans 40 — —
A 5 ans 55 — —
A 6 ans 75 — —
A 7 ans 90 — —

A 8 ans 1 mètre vingt centimètres.
A 9 ans 1 mètre cinquante centimètres.

Il est difficile que ceux qui n'ont pas eu occasion d'examiner le bois de l'Eucalyptus, puissent croire qu'il est d'une dureté remarquable, même lorsqu'il provient des jeunes arbres : il est en outre très-compacte et d'un grain très-fin.

« Par un privilège qui semblerait incompatible avec la rapidité de sa croissance, dit M. Lambert (2) mais qui a été déjà constaté en Algérie comme dans la Nouvelle-Hollande, le bois d'Eucalyptus acquiert de très-bonne heure et sauf un aubier plus ou moins épais dans les premières années, la dureté exceptionnelle, la force dynométrique, la tenacité, l'incorruptibilité, la résistance aux insectes et à la pourriture humide qui le distinguent entre tous.

M Trottier qui a aussi cultivé l'Eucalyptus en Algérie (3) n'est pas moins affirmatif.

« L'Eucalyptus, dit-il, bouleverse toutes nos idées sur les rapports qui existent entre la végétation des arbres et leur dûreté ; il était admis, et cela paraissait un principe invariable, qu'on devait juger de la densité en raison de la lenteur ou de la rapidité de leur croissance : partant du bas, on pourrait descendre jusqu'au saule, dont le bois a si peu de valeur.

« L'Eucalyptus joint à une rapidité de végétation qui nous

(1) Loco citato
(2) Notes sur l'Eucalyptus et subsidiairement sur la nécessité du reboisement en Algérie.
(3) Eucalyptus. -- Culture, exploitation et produit ; son rôle en Algérie par Ernest Lambert, inspecteur ffons de conservateur à Alger en retraite ; mémoire inséré dans le bulletin mensuel de la société d'acclimatation. Novembre 1872.

était inconnue jusqu'ici, cette propriété unique, d'être un
bois dur par excellence. »

L'Eucalyptus conserve toutes ses feuilles, du jour où il naît
à la vie, jusqu'au dernier terme de son existence : il ne perd
que celles des rameaux desséchées, ou quelques-unes de
celles atteintes par la gelée, à moins que les pieds qui les
portent ne soient affaiblis en ne trouvant pas dans le sol une
nourriture suffisante. Les feuilles exhalent une forte odeur
balsamique qui n'aurait rien de désagréable. si elle n'était pas
trop vive. Cette odeur qui est beaucoup plus accentuée, lorsqu'on comprime les feuilles, se fait sentir à quarante et
cinquante mètres de distance de l'arbre. Elle semble pénétrer les couches inférieures et moyennes de l'atmosphère
et doit nécessairement en modifier la composition. Les
feuilles d'Eucalyptus contiennent comme on sait, une huile
essentielle d'une nature spéciale et c'est sans doute à cette
huile que sont dûes les émanations odoriférantes dont nous
venons de parler.

L'écorce de l'Eucalyptus est lisse, épaisse et luisante ; mais
à partir de la deuxième année il s'en détache des plaques plus
étendues et d'une façon plus régulière que dans le platane.
Mais c'est seulement ce que l'on peut appeler la partie
épidermique qui se sépare du tronc: la partie vivante conserve
toujours son aspect.

On ne connaît aucun végétal qui ait une force d'absorption
aussi puissante. On sait que partout où l'Eucalyptus couvre
le sol. les infiltrations disparaissent, jusqu'à une grande
profondeur. Cela nous a été prouvé par diverses expériences ;
mais nous nous bornerons à citer les nôtres pour mémoire,
et à signaler surtout celles de M Trottier. (1)

« En 1867, au mois de juin, dit-il. nous avions mis dans un
appartement voûté une branche d'Eucalyptus globulus plon-
gée dans un vase plein d'eau : à cinq jours de là les feuilles
étaient flétries · nous nous aperçumes que l'eau du vase était
absorbée. Frappé du fait nous avons renouvelé l'expérience à

(28) Loco citato.

l'air libre et au soleil. Le 20 juilllet dernier 1868, à six heures
du matin, nous avons placé une branche d'Eucalyptus dans
un vase profond de 30 centimètres et large à son orifice de
16. Cette branche mise au soleil pesait le matin 800 grammes :
au moment où l'expérience prit fin, à six heures du soir, elle
pesait 825 grammes : L'eau du vase avait perdu 2 kilog. 60
grammes. Cette dépense d'eau avait été naturellement occa-
sionnée par l'évaporation directe et par la faculté absorbante
de la branche. Il y eut ce soir du sirocco à deux heures de
l'après-midi, le thermomètre placé près du sol marquait 43
degrés centigrades. Un second vase, de la même contenance
et de même forme que le premier, soumis à l'évaporation
seule ne perdit dans le même temps que deux cents grammes.
Pour nous il résulte de ce fait que la branche d'Eucalyptus a
absordé en l'espace de douze heures trois fois son poids
d'eau. »

Nous avons répété à trois fois en Corse l'expérience faite
par M. Trottier en Afrique et les résultats ont été à peu près
identiques. Une espèce de contre épreuve les a de plus en
plus confirmés. Vingt-cinq kilog. de feuilles d'Eucalyptus
ont été mises en macération dans 22 litres d'eau ; vingt-
quatre heures après le liquide avait augmenté d'un litre et
demi ; ce qui démontre que l'eau que les feuilles allaient
renvoyer dans l'atmosphère avec leurs effluves était considérable.

M. Hubert de Castella (1) qui tout en donnant une forme
ramanesque et exclusivement littéraire au récit des faits
observés pendant un séjour de plusieurs années en Australie
n'a pas moins étudié cette intéressante partie du monde avec
les qualités d'un savant, a vu les indigènes mettre l'Eucalyptus
à profit pour se procurer l'eau de boisson.

Il existe en Australie d'immenses espaces dépourvus de
sources vives : les hommes qui les parcourent, dit-il, coupent
des racines d'Eucalyptus, les suspendent à un tronc et
recueillent l'eau qui s'en écoule, très-fraîche et très-agréable.

Les faits et les explications que nous venons de citer

(1) Les Squatters Australiens est l'ouvrage que nous citons.

donnent en quelque sorte l'explication des faits d'une importance capitale, que nous ferons connaître avant la fin de notre travail, et par lesquels il est bien et dûment constaté : 1° que par les grandes plantations d'Eucalyptus, on peut déssécher les marais les plus étendus ; 2° que ces mêmes plantations rendent les pluies plus fréquentes, plus régulières.

CHAPITRE VIII.

Propriétés hygiéniques de l'Eucalyptus.

On sait depuis longtemps que la plus part des arbres ont une influence assez prononcée pour modifier l'état de l'atmosphère. Absorbant le gaz acide carbonique, nuisible à l'économie animale et qui entre pour une si large part dans la composition du bois, ils laissent échapper par leurs feuilles le gaz oxigène, l'agent indispensable de la combustion pulmonaire.

L'importance du rôle des arbres à ce sujet doit nécessairement être proportionnée à l'activité de leur végétation. Ainsi donc la rapidité de la croissance de l'Eucalyptus doit lui assigner le premier rang pour absorber l'acide carbonique et verser dans l'air de fortes quantités d'oxigène.

La juste proportion des éléments constitutifs de l'air, n'exclut pas le mélange des éléments nuisibles ni des insectes microscopiques. Il faut donc que l'Eucalyptus ait des propriétés spéciales pour que nous soyons convaincu qu'il est destiné à faire disparaître les causes d'insalubrité partout où la nature du sol et du climat lui permet de prospérer.

Une de ses propriétés spéciales. c'est la force d'absorption par les racines et par les feuilles dont nous avons déjà parlé, ce qui le constitue un intermédiaire des plus puissants entre la terre et les couches supérieures de l'atmosphère. Cette propriété simultanée d'absorber et d'éliminer énergiquement, dit M. Gimbert,fait de l'Eucalyptus une façon de creuset épurateur vivant.qui emprunte au sol ses courbures hydrattées et les rend à l'atmosphère en vapeurs balsamiques et oxigénées. Ainsi donc rien que par la force d'absorption il anéantit un des éléments essentiels de la putréfaction et par conséquent de l'insalubrité.

En effet, soit que l'agent d'intoxication soit un gaz inconnu dans son essence, soit qu'il soit constitué, comme nous le pensons, par des organites, l'humidité venant à manquer, il est rendu inoffensif. S'il est formé d'animalcules, ceux-ci sans eau ne se développent pas, ou meurent promptement. Si c'est un gaz, il faut que l'eau lui serve de véhicule pour s'élever dans l'atmosphère et pénétrer dans l'économie animale. A mesure que le gaz s'élève du sol, il rencontre les feuilles de l'Eucalyptus, l'attirant à elles pour former la sève descendante qui se transforme dans l'intérieur du rameau et du tronc.

Cette eau que la plupart des arbres en général restituent à l'atmosphère, telle qu'ils l'ont absorbée, a changé de nature en sortant des phyllodes de l'Eucalyptus. Elle y est mêlée aux principes aromatiques et résineux ou pour mieux dire à une huile essentielle ne ressemblant à aucune des essences connues. Or cette huile est un poison des plus énergiques pour tous les organismes inférieurs.

Les faits et les expériences ne laissent aucun doute sur la nature et sur la force de cette propriété. Personne n'ignore que les moustiques pullulent dans les localités de mauvais air. Nous avons connu des lieux, où ces insectes étaient si nombreux, que malgré toutes les précautions possibles, on ne pouvait se garantir de leurs piqûres. Un an après que quelques Eucalyptus ont été plantés dans ces localités, les moustiques ont totalement disparu ; et l'on n'en trouve pas dans un rayon de cent mètres environ du pied des arbres.

L'action antiparasitaire a été prouvée par des expériences directes. Pendant les hivers de 1871-72-73, dans la ville que nous habitons, les feuilles d'un grand nombre d'arbustes étaient tapissées de cryptogames. En approchant des feuilles

l'essence d'Eucalyptus, les cryptogames perdaient toute vita-
lité et se détachaient sous la forme d'une poussière noirâtre.

Le résultat a été le même en touchant avec l'essence des
œufs d'un grand nombre d'insectes : il nous a été impossible
de les faire éclore, quoique placés dans le milieu le plus
favorable à la manifestation des phénomènes vitaux.

A ces propriétés hygiéniques tout-à-fait spéciales à l'Éu-
calyptus, il faut ajouter celles qui sont communes à beaucoup de végétaux ligneux de haute taille. Mais même à ce
point de vue, l'Eucalyptus, à cause de la rapidité de sa croissance, on ne saurait assez le répéter, est appelé à rendre les
services qu'aucun autre arbre ne peut rendre. Lorsqu'il s'agit
de préserver la vie et la santé des populations, l'on ne saurait
trop se hâter. Or pourquoi donnerait-on la préférence à des
essences desquelles on ne peut attendre des résultats appré-
ciables qu'après cinquante et soixante ans, tandis que l'on
peut obtenir des résultats en peu d'années.

« Avec une rapidité, dit M. Lambert (1) qui est à peu
près à celle des autres arbres ce que la locomotive est au
char à bœufs, l'Eucalyptus atteint en cinq ans la force de
nos grands taillis ou perchis et en dix ans la hauteur d'une
futaie séculaire. Outre une plus grande promptitude ainsi
obtenue dans les résultats généraux de reboisement, la hauteur plus considérable de l'Eucalyptus augmente proportion-
nellement son influence contre les vents et sur la formation
de la pluie.

« On sait, en effet, que la partie de tout abri est exacte-
ment proportionnelle à sa hauteur, et qu'elle se fait sentir
jusqu'à une distance égale à la hauteur de l'obstacle. Il résulte
que nos massifs sans même s'élever jusqu'à 100 mètres comme en Australie, protégeront bien une plus grande étendue
de terrain contre la violence et l'action desséchante du
sirocco. (2)

« Dans son travail sur les pluies et les inondations, M.
Babinet a parfaitement expliqué que les forêts opposent au

(1) Loco citato.
(2) Ce que M. Lambert dit du sirocco est applicable à tous les vents.

vent une barrière qui le force a remouter, par suite à se dila-
ter et à se refroidir dans une couche atmosphérique plus élevée et moins dense : d'où condensation et saturation des
vapeurs répandues dans l'air, finalement pluie. L'illustre aca-
démicien confirme ainsi le mot qu'il rapporte du reste de son
confrère M. Mignet. que (pour créer la pluie, une forêt vaut
une montagne). Donc plus la montagne ou la forêt, est haute
plus les chances de pluie sont grandes. On en trouve la preuve
dans un double fait que les makis de la Corse et les broussailles de l'Algérie n'y empêchent pas les impertubables
sécheresses de l'été. tandis qu'en Egypte quelques millions
d'arbres plantés par Méhémet-Ali y ont ramené des pluies
jusque-là inconnues. Le même phénomène se reproduira
dans les mêmes conditions en Corse et en Algérie ». (1)

Nous résumerons dans le chapitre suivant les faits qui ne
laissent aucun doute sur l'action assainissante de l'eucalyptus,
mais nous demandons la permission en attendant de faire
remarquer que tous les savants qui ont avant nous et après
nous, étudié les phénomènes les plus saillants de sa végétation, ont pressenti son influence sur l'atmosphere et son arri-
vés à la même conclusion que nous.

Nous ne citerons pour le moment qu'une opinion qui ré-
sume celles de tous les savants qui ont fait des études spéciales sur l'eucalyptus.

Les propriétés absorbantes dont jouit l'eucalyptus, dit M.
Ferdinand Pappillon (2) les émanations aromatiques qu'il
répand autour de lui, font prévoir qu'il ne peut que jouer un
rôle salutaire dans les pays marécageux.En absorbant l'humidité du sol, en émettant des vapeurs antiseptiques, il réalise
une assainissement véritable au sujet duquel l'expérience a
déjà prononcé d'une manière décisive. Il est bien intéressant
de remarquer tout d'abord que dans les pays où cet arbre

---

(1) Nous ajouterons : le même phénomène se reproduira non-seulement en
Algérie ; mais partout où les grandes plantations d'Eucalyptus pourront prospérer.
(2) Moniteur scientifique du Docteur Quesneville, livraison du moi de juillet
1872.

naît librement (1) le climat est très salubre. Les voyageurs attribuent la salubrité de l'Australie, par exemple, à la diffusion de l'eucalyptus sur le sol de cette île immense. En Afrique, d'après un rapport fait en 1869, par M. Fremy, à la société d'agriculture d'Alger, l'eucalyptus exerce une influence très-favorable sur la salubrité des contrées où on le multiplie. Les fièvres intermittentes semblent fuir devant lui, car partout il entrave le développement des circonstances favorables à la production des miasmes paludéens. »

Les assertions de M. Ferdinand Papillon, sont de point en point confirmées par M. Planchon, professeur à la faculté des sciences de Montpellier.

Ce savant naturaliste, auquel la France doit de si profondes et de si utiles études sur l'origine, l'action et les mœurs du *Phyloxera*, a fait aussi de l'Eucalyptus l'objet d'une étude complète. (2)

Ses connaissances étendues et variées en physique, en chimie et en sciences naturelles, sont mises à contribution pour faire comprendre les résultats que l'on doit attendre de la propagation de l'Eucalyptus et il affirme d'une manière péremptoire que ses qualités assainissantes sont les plus précieuses et les mieux établies.

Un autre savant, dont nous regrettons de ne pouvoir citer le nom, parce qu'il a gardé l'incognito, s'exprime ainsi : (3)

« L'Eucalyptus a d'autres titres pour nous devenir précieux. Ne nous arrêtons pas à son mérite ornemental qui, cependant, est très-grand en raison de son pot et surtout du curieux disparate que présentent ses feuilles ovroïdes et bleuâtres des deux premières années avec le feuillage larréolé qui leur succède.

« L'Eucalyptus est le purificateur par excellence des terres marécageuses, des miasmes mortels pour la vie animale.

---

(1) Nous aurons occasion de revenir avec des explications plus détaillées sur cette remarque.
(2) *Revue des deux Mondes*. Livraison du 1er janvier 1875.
(3) Journal *Le Temps* n° du 14 décembre 1874.

III

Quand on l'approche il est impossible de ne pas être frappé
de l'odeur qui s'en dégage ; elle rappelle celle du laurier,
mais elle est infiniment plus pénétrante soit conséquence de
l'intensité de son parfum, soit que l'arbre absorbe plus de
gaz délétères que les autres, il assainit les terres humides
particulièrement propices à sa végétation ; la fièvre disparaît
partout où il pousse. »

Nous citerons enfin l'opinion de l'Académie des sciences. (1)

Après avoir entendu la lecture d'une note qui lui avait été
adressée par M. le docteur Gimbert de Cannes, l'illustre
compagnie reconnaît que l'Eucalyptus globulus possède des
qualités remarquables d'assainissement, et elle ajoute :

« Aux environs de Constantine on est parvenu à rendre
salubres des contrées entières dévastées par la fièvre paludéenne. En trois ans cinquante hectares d'un sol bourbeux
et marécageux ont été desséchés et l'on n'a plus vu apparaître aucun cas de fièvre dans le pays. Ces cultures rendraient
de bien grands services en Corse, en Italie, partout où, en
un mot, règne la fièvre intermittente. »

Ainsi M. Colin a tort de penser que l'on exagérait les propriétés assainissantes de l'eucalyptus, les attribuant à une
influence occulte. Cette influence qui pourrait être, il est vrai
spécifique, est explicable et nous croyons l'avoir expliquée.
S'il eut mieux réfléchi il aurait attribué aux eucalyptus plus
d'importance qu'il ne leur en reconnaît pour modifier l'air
dans les localités malsaines. « Ils agissent, dit-il, (2) en modi-
fiant rapidement le sol, en épuisant promptement cette force
productive, si dangereuse, quand elle n'est pas utilisée ; mais
suivant nous, cette action serait commune à tout végétal susceptible d'un développement aussi rapide que le leur. » C'est
en quoi M. Colin se trompe et nous espérons qu'il ne tardera
pas à regretter d'avoir émis cette assertion.

(1) Séance du 6 octobre 1873.
(2) Traité des fièvres intermittentes, cité plusieurs fois page 282.

CHAPITRE VIII.

Action hygiénique de l'eucalyptus prouvée par des faits et des témoignages irrécusables.

Ce n'est pas seulement parce qu'il entrave le développement du miasme que l'Eucalyptus exerce une action assainissante, il fait plus : il neutralise et anéantit l'élément nuisible du miasme. Il n'y a peut être pas de contrée dans le monde qui réunit autant d'éléments d'insalubrité que l'Australie, au moment où l'Angleterre songea à y réléguer les premiers *convicts ;* température élevée du climat, eaux stagnantes partout, sol d'une grande fertilité entièrement inculte. Comme dans la campagne romaine et plus que dans la campagne romaine, de vastes superficies étaient livrées au pâturage ; même à l'heure qu'il est les terres en pâturage sont d'une immense étendue. Le bétail et surtout les moutons ont le plus contribué à la prospérité de l'Australie. La seule colonie de Victoria exportait en 1854 pour près de 50 millions de kilog. de laine.

M. Hubert de Castella qui a visité l'Australie en 1854, au moment où l'Agriculture n'était pas encore sortie de la période pastorale, nous fait connaître : 1° que les espaces marécageux étaient étendus ; 2° que l'on commençait à peine à établir des cultures dans quelques stations ; 3° que les forêts d'Eucalyptus (1) couvraient une grande partie du sol ; 4° que des superficies immenses étaient abandonnées à des troupeaux ou bœufs vivant à l'état sauvage. Les propriétaires les marquaient sur le dos afin de pouvoir les recon-

---

(1) Nous devons prévenir nos lecteurs que l'Eucalyptus globulus, est appelé vulgairement *gommier* et qu'il est connu dans les colonies anglaises sous la dénomination de *Tosmanion Blue-gumtree* ou simplement *Blue. gumo.*

Les écrivains ont aussi quelquefois confondu le gommier avec le manglier, et ils ont attribué à ce dernier qui est un arbuste sermenteux, les qualifications du gommier.

naître et l'orsqu'il fallait les reprendre, on leur faisait la chasse.

Les voyageurs nous apprennent que l'on se passe en Australie presqu'entièrement de basse-cour, parce que de distance en distance, il existe des lacunes ou de petits étangs, peuplés d'animaux sauvages ; et avec quelques coups de fusil, on pourvoit aisément aux besoins du ménage. Ils racontent également que les communications entre les stations sont difficiles et souvent impossibles, parce que le terrain est presque partout perméable à l'eau et demeure fangeux même pendant la saison des fortes chaleurs.

Si nous avions à apprécier l'action du climat de l'Australie, tel qu'il est aujourd'hui, après que le génie colonisateur de l'Angleterre a transformé la contrée, après surtout que la découverte des mines d'or y a appelé des milliers et des milliers de travailleurs, nous ne nous expliquerions sa salubrité sans en attribuer le mérite à l'Eucalyptus.

Mais sous ce rapport le climat de l'Australie n'a subi aucune modification ; il était, il y a cinquante ans aussi sain qu'aujourd'hui. Il n'est pas nécessaire de faire de grands efforts d'imagination pour avoir une idée de l'énorme quantité de miasmes qu'envoient dans l'air, sous l'action d'un soleil ardent, de vastes marécages, des terres incultes et la boue résultant presqu'entièrement de débris organiques.

Dans nos plaines de la Corse, sur le littoral de l'Algérie, dans la campagne romaine, les éléments d'insalubrité sont quinze et vingt fois moins considérables que ne l'étaient en Australie au moment de l'occupation et quinze ou vingt ans après et cependant l'Algérie, la campagne romaine et le littoral de la Corse sont désolés, ont ne le sait que trop, par les fièvres telluriques, la dyssenterie etc., tandis que ces maladies sont inconnues en Australie.

Il est surprenant que ce fait seul n'ait pas suffi pour faire songer à imiter ce que la Providence avait fait pour cette partie du nouveau monde restée longtemps inconnue. Mais à présent que l'on connaît l'Australie aussi bien que la France et l'Angleterre, et qu'on la sait arrivée à l'apogée de la civilisation et de la richesse, rien ne justifierait la négligence de mettre à profit l'enseignement donné par les antécédents et l'état actuel de la colonie. Les Européens en prenant possession du sol en Australie, n'ont pas trouvé un ennemi acharné à le lui disputer pied à pied, car ils ont eu facilement raison de quelques sauvages qui n'avaient ni armes ni instruments aratoires.

Dans les contrées encore moins fertiles, les émanations telluriques avec leur'puissance morbifique opposent un obstacle à ce que la culture du sol puisse être entreprise sans danger. Mais est-ce donc bien vrai, dira-t-on, que le climat de l'Australie soit si sain et que l'on doive sa salubrité à l'Eucalyptus.

Le professeur Graves de Dublin, dont les vastes connaissances et la grande sagacité sont bien connues, n'aurait jamais affirmé un fait de la plus haute importance que nous invoquons à l'appui de notre thèse.

« D'après, dit-il, les renseignements fournis (1) par les journaux de médecine et par une table de météorologie que j'ai dressée pendant les saisons les plus diverses, ce continent n'a pas de maladies qui lui soient propres, et tout me porte à croire que cette contrée est d'une salubrité remarquable. Sur les côtes du Nord-Ouest, le rivage formé d'un sol boueux est couvert de mangliers. (2) Il existe des polypiers en décomposition ; en outre la température est élevée et néanmoins on ne voit naître ni fièvres ni dyssenteries.

« Nos marins continuellement exposés dans leurs bateaux à toutes les vicissitudes atmosphériques, ont dormi pendant plusieurs mois sous des berceaux de mangliers. (3) »

Les remarques de M. Hubert de Castella confirment celles qu'on vient de lire.

« Le vent chaud, dit-il, souffle ordinairement quatre ou

---

(1) Leçons de clinique médicale.
(2) On remarquera que cette observation a été faite aussi par M. Hubert de Castella.
(3) L'auteur veut évidemment désigner par ce nom le *gommier* ou *Eucalyptus*.

cinq fois chaque été, pendant trois ou quatre jours. A Melbourne il soulève des tourbillons insupportables de poussière. Quelquefois le thermomètre marque 108 degrés Fahrenheit à l'ombre (42,22 cent.). Malgré cela ce vent qui arrive de la zone torride, n'a d'autre inconvénient que celui de dessécher le nez et le gosier : il n'énerve pas et n'apporte pas de fièvres avec lui. »

M. de Castella a décrit l'état de l'Australie tel qu'il était en 1854 et douze ans plus tard (1866), M. le Comte de Beaumanoir l'a visitée aussi. (1) En lisant les relations des deux voyageurs on peut avoir une idée exacte des progrès accomplis dans la colonie dans un si court espace de temps. On constatera en outre que les troupeaux constituent la partie la plus considérable de la richesse de la colonie, et que partout la superficie de terre exclusivement consacrée au pâturage, n'a presque pas diminué depuis 1854.

Laissons la parole à M. le Comte de Beaumanoir. (2)

« Avant de quitter, dit-il, la colonie, que nous avons, je crois, parcourue dans tous les sens, j'ai reçu des membres du Gouvernement une chose que j'ambitionnais fort. C'est le cahier bleu des statistiques de Victoria. Un rapide coup d'œil sur ces compilations annuelles a complété pour moi l'impression d'admiration dont j'avais été frappé tout d'abord ; et de ces milliers de chiffres j'ai taché d'extraire les plus saillants.

« Sur une étendue un peu inférieure à celle de la Bretagne, c'est-à-dire sur environ 22 millions et demi d'hectares, plus de 15,300.000 sont occupés par les troupeaux. 205.000 sont affectés à l'agriculture. 1.400 à la vigne et 188.000 aux mines d'or.

« La population (3) qui était de huit personnes en 1835 — de 31,000 en 1845 — de 36,400 en 1855 était l'année dernière de 626,000 habitants.

---

(1) Voyage autour du monde par le Comte de Beaumanoir.

(2) L'ouvrage de M. Beaumanoir, duquel nous tirons les renseignements que l'on va lire, a fourni des éléments de discussion et a été cité avec les plus grands éloges au Corps législatif, par M. le Comte Léopold Le Hon à la séance du 7 mars 1870, par M. Thiers à la séance du 27 janvier 1870, et par M. Estancelin à la séance du 12 février 1870.

(3) Ces renseignements statistiques ne se rapportent qu'à une des provinces de l'Australie, celle de Victoria.

« L'immigration dont la moyenne était de 2,000 âmes dans les cinq premières années sauta en 1852 à 94,000 se maintint quelques années dans ces chiffres élevés, et retomba à 27,000 pour chacune des cinq dernières années.

« De dix en dix ans, depuis 1835, le nombre des chevaux s'est élevé de quinze à 9,000 — 32,000 — 120,000.

« Celui des bêtes à cornes d'une cinquantaine à 288,000 à 568,000 — 621,000.

« Enfin celui des moutons de quatre cents à 2,400.000 — 5,000,000 — 8,835,380.

« Depuis le principe cette jeune colonie a exporté 203,688,000 kil. de laine d'une valeur de 769,591,000 francs. »

Les chiffres ont, comme on dit, leur éloquence ; ceux que nous venons de citer prouvent qu'en aucune partie du monde douée d'une fertilité aussi prodigieuse que l'imagination puisse supposer, on n'a jamais obtenu de pareils résultats. Pourquoi ? parceque partout, l'Australie excepté, où la terre est fertile et le climat chaud, les colons ont été décimés par les maladies.

Qu'on ne suppose pas qu'en Australie les travaux d'assainissement ont précédé l'installation des colons.

Si l'on veut connaitre à fond ce qu'était originairement le climat de L'Australie, l'on n'a qu'à examiner comment ont été établis les *squatters*.

Dès qu'un individu doué de quelque intelligence et possédant des ressources arrivait en Australie, il obtenait du Gouvernement local, moyennant une légère redevance la jouissance pour un grand nombre d'années d'autant de terre qu'il en voulait ; savoir : une superficie de dix mille et plus de vingt mille hectares. Ces terrains étaient incultes, humides, dépourvus d'habitations. Le *Squatter* s'abritait tant bien que mal dans une barraque ou dans une maison en bois qu'il avait apportée d'Europe, plaçait sur la terre de sa concession autant de vaches et autant de moutons qu'il pouvait. Ces animaux s'y multipliaient rapidement et ne tardaient pas à enrichir le *Squatter*. Il n'y a pas d'exemple qu'un d'entre eux soit mort par l'effet d'une maladie locale.

Quelle différence entre le résultat et les essais de coloni-
sation tentés en Algérie, en Cochinchine, à Madagascar, aux
Indes et sur divers points de l'Amérique Méridionale. Dans
ces dernières contrées, comme en Corse, l'on n'a pu parvenir
à produire un certain degré d'assainissement que par le
desséchement des eaux stagnantes et par une culture inten-
sive. Mais combien d'hommes n'ont ils pas été sacrifiés avant
de parvenir à ce résultat?

Banffarick et quelques points du littoral de l'Afrique du
Nord, où la mortalité atteignait des proportions énormes,
il y a trente ans, sont habitables aujourd'hui ; mais pendant
plusieurs années ; la moitié à peu près des colons et des
militaires qui l'habitaient ont succombé aux atteintes des
fièvres.

Il y a un point du littoral de la Corse aujourd'hui parfaitement assaini, grâce aux desséchements, au drainage, aux
plantations et aux travaux de culture, c'est Chiavari. Nous
avons assisté à l'installation du pénitencier dans cette localité. En 1855, on perdit soixante-cinq pour cent de détenus :
la mortalité ne tomba à trente pour cent que lorsqu'on cons-
truisit un refuge dans une localité élevée où la population
était transférée en été ; elle a diminué graduellement, à
mesure que le domaine cultural prenait de l'extension , mais
elle n'est arrivée aux proportions ordinaires que depuis cinq
ans et lorsque l'assainissement a été complété par des plantations d'Eucalyptus. Des faits analogues ont été constatés
en Algérie.

« Une des propriétés les plus marquées et les plus heureuses
de l'Eucalyptus, dit M. Lambert (1) c'est que par la nature et
l'abondance de ses émanations aromatiques et par l'action de
celles-ci sur les animalcules qui composent les miasmes palustres, d'après M. Gubler et beaucoup d'autres savants, peut-
être aussi à mon sens, sur les gaz délétères (2) et encore en

(1) Loco citate.
(2) On voit bien que, comme nous l'avons fait remarquer dans uns des
précédents chapitres, que, quelle que soit la nature, des émanations telluriques, elles peuvent être anéanties par l'Eucalyptus.

purifiant les eaux stagnantes par les débris qui y répandent
son feuillage et son écorce en desquamation, l'*Eucalyptus*
joue un rôle très-actif dans l'assainissement de l'air et de l'eau,
au point de faire disparaître la fièvre paludéenne qui est
précisément la maladie endémique de l'Algérie. Aux observations déjà nombreuses qui ont été publiées sur des effets
de ce genre constatés enAustralie, j'en puis ajouter une que
j'ai relevée en Algérie. Dans la forêt de St-Ferdinand, que
j'ai eu occasion de *reboiser* après l'incendie de 1865, la
maison forestière avait dû être successivement abandonnée
par tous ses occupants consécutifs, décimés par la fièvre,
puis laissée déserte pendant plusieurs années, lorsqu'en 1868,
l'ayant entourée de plantations d'Eucalyptus, je l'ai fait
réoccuper par un brigadier forestier qui s'y est au contraire
guéri de fièvres très-tenaces contractées à sa précédente
résidence. »

Postérieurement à la publication de l'ouvrage de M. Lambert,
d'autres faits se sont produits en Algérie et ils confirment
entièrement les appréciations et les prévisions des savants.

Voici ce qu'écrivait à M. Rumel le 24 octobre dernier (1874)
l'Abbé Félix Charmentat des missions d'Afrique. (1)

« Je viens vous donner quelques renseignements sur nos
plantations d'Eucalyptus à Maison-Carrée, qui est devenue
aujourd'hui notre maison-mère. Cette propriété, était, vous
le savez, il y a six ans, un immense territoire couvert de
broussailles, de palmiers nains, et que le voisinage des eaux
croupissantes de l'Hardach rendait des plus malsaines.

« En 1869 et et en 1870, à mesure que les broussailles
s'arrachaient, nous y avons planté une quantité considérable
d'Eucalyptus en massifs et allées le long de nos champs et de
nos jardins ; ce qui donne à cette propriété toute nouvelle
l'aspect d'un vieux domaine, avec arbres et forêts presque
séculaires ainsi que vous avez pu constater de *visu*.

« Mais le résultat le plus merveilleux c'est que la fièvre
intermittente qui arrêtait si souvent nos orphelins dans leurs

(1) Journal l'*Univers* 4 décembre 1874.

travaux agricoles a disparu peu à peu, en sorte que ce domaine est un des plus sains des environs d'Alger, après en avoir été le plus fiévreux. »

Nous allons terminer ce chapitre par l'exposé d'un fait, qu'on peut qualifier de capital, porté à notre connaissance par un homme intelligent (47) qui a longtemps habité la contrée où ce fait s'est produit, et qui a occupé une position éminente dans la République d'Haïti.

Il n'y a pas encore longtemps, que dans la République de Colombie, il existait près de la petite commune de Colomb, un marais ayant une superficie de mille hectares.

En 1860, on commença à ouvrir dans cette localité un chemin de fer devant aboutir à Panama. Les ouvriers chinois qui exécutaient les travaux étaient littérairement plus que décimés par le *vomito nero* et les fièvres pernicieuses, il en mourait jusqu'à cent vingt par jour.

En 1862, par ordre de M. Pellegrini Président de la République de Colombie, on consacra un vaste espace aux plantations d'*Eucalyptus globulus*.

En 1868 les marais étaient entièrement desséchés et la plaine, où les indigènes eux-mêmes ne pouvaient pas vivre, furent dès lors complètement assainis. Les colons Européens qui s'y sont établis depuis quelques années, n'ont eu à souffrir la moindre atteinte de la fièvre.

La commune de Colomb, ajoute celui qui nous a fourni les renseignements qui précèdent, est aujourd'hui une ville importante, car les plantations d'Eucalyptus sont pour elle une source inépuisable de richesse, le bois de cet arbre étant employé pour les constructions navales de préférence à tout autre bois.

Ainsi M. Ferdinand Papillon est dans le vrai, en affirmant que quant aux avantages hygiéniques de l'Eucalyptus, la question est complétement résolue. Cet arbre, ajout-t-il,

(47) M. Montecattini.

peut devenir le salut et la provide ce des pays marécageux. (1)

CHAPITRE IX.

Résultats probables sous le rapport hygiénique de l'extension
de la culture d'Eucalyptus.

Toutes les nations, nous n'en exceptons aucune, sont
intéressées, ce nous semble, à ce que l'Eucalytus occupe
partout où il peut prospérer dee superficies étendues de
terrain.

En lui accordant la place nécessaire dans les Indes, les
affections cholériques, ou, elles n'y prendront plus naissance,
ou elles auront perdu cette malignité qui les rend si redoutables.

Le climat et le sol des Indes doivent favoriser beaucoup la
croissance de l'Eucalyptus. D'un autre côté les rizières doivent naturellement accroître la masse des émanations nuisibles.
Mais si dans les endroits que la conférence internationale de
Constantinople a désignés comme étant le point de départ des
épidémies du choléra et autour des terrains destinés à la
production du riz, les Eucalyptus y végétaient en nombre
suffisant, les émanations pestilentielles cesseraient tout à fait.

Le résultat sera mieux assuré, si des plantations sont

---

(1) Les savants qui expriment la même conviction sont aujourd'hui très-
nombreux. Nous en avons mentionné quelques uns. Nous nous réservons à
faire connaître les autres dans un *appendice* à la fin de notre travail. Celui-ci
étant déjà achevé et en partie sous presse, lorsque nous avons eu connaissance
de plusieurs publications qui confirment nos appréciations, nous n'aurions pu
mettre à profit les faits qu'ils relataient sans refaire notre travail. La tâche
devant laquelle nous avons reculé.

également faites dans les localités que traversent d'ordinaire les pèlerins, pour se rendre et revenir de la Mecque. Éteindre le foyer du choléra est d'un intérêt de premier ordre, pour l'Europe et pour l'Asie.

Ainsi se trouve justifiée notre insistance en signalant le danger de revenir à plusieurs reprises sur les moyens de le conjurer.

Il y a bien dans l'ancien et le Nouveau-Monde, mais dans le Nouveau-monde surtout, de vastes espaces encore déserts à cause du mauvais air, et qui pourraient être rendus à la fécondité et à la vie par les plantations d'Eucalyptus. Il nous a semblé cependant qu'une fois éclairées sur les effets que l'on peut attendre de ces plantations, les nations ne manqueront pas de mettre à profit les expériences faites dans d'autres contrées.

Du reste, c'est surtout au point de l'intérêt de la France, que nous avons entrepris la tâche que nous nous sommes efforcé de remplir.

En Algérie, on l'a vu, l'Eucalyptus est acclimaté : les colons eux-mêmes cherchent à le multiplier et déjà sur plusieurs points l'assainissement est obtenu.

Mais il faudrait faire cesser le mauvais air dans toute l'étendue de nos possessions de l'Afrique du Nord, et c'est au Gouvernement que ce devoir incombe.

Nous connaissons par les comptes-rendus de la société d'Agriculture d'Alger, et les divers mémoires publiés par les plus éclairés parmi les colons, l'extension qu'à prise la culture de l'Eucalyptus ; mais le Gouvernement ne paraît avoir nullement secondé les essais faits et les tentatives continuées avec une certaine activité.

Nous exprimons l'espoir qu'il n'en sera pas de même à l'avenir. Nous prions aussi le Gouvernement de réfléchir qu'il lui serait possible d'assainir en peu de temps la Nouvelle-Calédonie et de retirer de cette opération de grands avantages.

La Nouvelle-Calédonie par ses immenses ressources naturelles, par sa nature tropicale, sa position commerciale, cette

île pourrait deveuir une magnifique colonie, ainsi que l'af-
firment ceux qui l'ont vue. Située sous la même latitude que
Bourbon, ayant un sol d'une étonnante fertilité qui donne
comme à Bourbon, sucre, café, épices, elle n'a pas besoin,
pour faire fortune d'envoyer ses produits par le cap-horn à
l'Europe, distance de six mille lieues, elle est à quatre jours
de Sydney à dix de Melbourne, où se consommeraient ses
produits.

Ce que nous disons de la Nouvelle-Calédonie est applicable
à quelques exceptions près, aux possessions françaises de
Madagascar et de Conchinchine. Mais si nous ne pouvons peut
être pas apprécier d'une manière exacte les effets d'assainissement que peut produire l'Eucalyptus dans les diverses
contrées du globe où il peut prospérer ; il n'en est pas de
même pour la Corse.

Il existe dans notre département plus de deux cent mille
hectares de terrain, formant la zone maritime, où l'air est
encore malsain.

Dans l'intérieur des villes du littoral, les fièvres n'atteignent
en général que les cultivateurs ou autres individus que les
circonstances obligent à s'éjourner dans des endroits marécageux ou au moins en parcourir les environs

Le mauvais air frappe donc, jusqu'aux portes des villes, si
parfois il n'y pénètre pas.

Dans la région intermédiaire de l'île, et à plus forte raison
dans la sémi-montagneuse, les cultures annuelles exigent
beaucoup de travail et sont très-peu productives.

Une partie de la population est donc obligée, bon gré,
mal gré de chercher des moyens d'existence sur le littoral.
Dans ces dernières années, quelques propriétaires ont
réussi à assainir médiocrement par la culture quelques points
isolés et ont établi des fermes, mais aucun d'eux n'a encore
osé s'établir d'une manière permanente au centre de ces
propriétés.

Ceux qui se livrent au travail de la terre dans le littoral ne
sont pas en général les propriétaires du sol ; ce ne sont que
des fermiers, ou des colons partiaires.

Mais les plus nombreux exploitants, ce sont les bergers. Ceux-ci comme les cultivateurs ne séjournent que quelques mois de l'année sur le littoral et se hâtent de retourner dans la région montagneuse dès qu'ils ont tiré le plus qu'ils pouvaient des produits de leur travail et de leur exploitation.

Cependant plus de cent quarante mille hectares restent encore en friche, et malgré le transhumance plus de huit ou dix mille individus, comme nous l'avons fait remarquer, subissent les atteintes du mauvais air. Quel sera le résultat immédiat des plantations d'Eucalyptus ?

Dix mille producteurs conserveraient leur force et leur santé, ils s'en servaient pour étendre le domaine cultural, et augmenter par conséquent leur aisance avec grand avantage pour les propriétaires eux-mêmes. D'autres résultats ne se feraient pas longtemps attendre.

On sait que dans l'état actuel de choses, les terrains de la plus grande partie de nos plaines, ne donnent pas le dixième de ce qu'on pourrait en obtenir, Pourquoi ? Parce que les cultivateurs ne demeurant pas sur les lieux, ne peuvent établir aucuns assolements rationnels, varier et alterner les cultures et parce que le seul genre d'exploitation qu'ils emploient, détériore, au lieu d'améliorer le sol.

Les bergers tout-à-fait nomades dans le sens du mot sont les plus nombreux dans la plus grande partie de nos plaines. C'est par eux que les propriétaires des terrains obtiennent quelque profit des makis. Ils s'en contentent, ne pouvant se hasarder à faire des défrichements ou d'autres travaux, voulant se soustraire aux atteintes de la fièvre. Les bergers qui sont les ennemis de la culture, opposent un sérieux obstacle à ce que la superficie des terrains, mis en valeur augmente. parce que les pâtres de chèvres ne laissent que trop volontiers leurs animaux parcourir les champs et dévaster les plantations. Cela n'arrivera plus le jour, où les propriétaires pourront s'établir sur leurs domaines, y résider, fonder des fermes, créer des étables et utiliser les engrais.

Nos espérances sur l'avenir de la Corse se réveillent avec vivacité lorsque nous nous reportons par la pensée à la transformation qu'elle aurait subie dans dix ans d'ici, si sur divers points du littoral l'Eucalyptus y existait dans peu de temps en peuplements nombreux.

La plus grande partie de la population de la région inter- médiaire et de la semi-montagneuse aurait fixé sa résidence dans les plaines.

On ne verrait plus dans ces dernières de vastes superficies en makis, dont les étrangers nous reprochent sans cesse l'existence et de riches cultures couvriraient les terrains autrefois couverts par les eaux.

Nous allons bientôt prouver, comme nous l'avons déjà en partie, que ceux-ci peuvent être et devraient être desséchés à l'aide de plantations d'Eucalyptus ; mais en attendant fai- sons remarquer que, une fois les plaines assainies :

1° La production des céréales serait promptement quadru- plée ;

2° L'élève et l'exploitation des bêtes à cornes acquerraient un grand développement. Non-seulement nous cesserions d'être tributaires de l'étranger pour la viande de boucherie, mais nous exporterions du bétail ;

3° Notre race de brebis ne tarderait pas à être améliorée par le croisement avec les races Mérinos et Soulsthon, et nous pourrions contribuer à l'alimentation des fabriques de lainage du continent ;

4° Enfin la région intermédiaire serait presqu'exclusive- ment utilisée pour l'arboriculture et pour la production vini- cole et l'on cesserait de s'obstiner à faire venir les céréales sur les sols en pente, dont la terre après chaque labour est emportée par les pluies et laisse apparaître la charpente osseuse.

Nous connaissons d'autres contrées en Europe, où l'as- sainissement par l'Eucalyptus, prolongerait l'existence de plusieurs dizaines de mille d'individus et quadruplerait promptement la richesse territoriale de ces localités. La Sardaigne et la Sicile se présentent les premières à notre pensée. Nous n'avons à faire aucune remarque spéciale pour ce qui les concerne. Mais la partie d'Europe, pour laquelle les plantations d'Eucalyptus, les seules qui peuvent rendre prospère et florissante la campagne Romaine.

M. le professeur Colin, comme nous l'avons dit, a pratiqué la médecine plusieurs années à Rome : il a étudié les effets de l'air des environs.

Nous avons aussi dû nous appuyer sur ses remarques, que l'infection de l'air, n'est pas dûe exclusivement aux marais.

Or, en partant de ces données, il affirme que la culture et l'agriculture seules, peuvent assainir la Campagne-Romaine. Nous cédons la parole à cet auteur. (1)

« L'histoire prouve qu'à certaines époques les marais Pontins ont été plus ou moins assainis ; à plusieurs reprises une initiative puissante et les efforts réunis d'une population dense et laborieuse ont pu momentanément triompher de cette hydre toujours renaissante. Nous avons dit plus haut quelle était la prospérité de ce sol, aujourd'hui si meurtrier, quand, au temps de Lygurgue, les Lacédémoniens vinrent s'y établir. Des villes nombreuses y florissaient encore à l'époque où Camille en fit la conquête sur les Volsques, et l'on donnait le nom de *camp fertile* et de *grenier de Rome,* à la plaine qui, quelques années plus tard, sous l'influence du système de guerre des Romains, était dépeuplée, et reprenait à juste titre le nom de *marais Pontins.*

« Assainis par le consul Appius Claudius qui, trois siècles avant l'ère chrétienne, y fondait la voie magnifique qui a illustré son nom, cette vaste plaine perdait de nouveau, au commencement de l'empire romain, son antique fécondité, et redevenait insalubre.

« Depuis lors bien des tentatives encore furent entreprises, parmi lesquelles les plus célèbres furent celles d'un roi barbare, Théodoric, et enfin des trois papes Léon X, Sixte-Quint et Pie VI. L'obstacle à vaincre est immense ; mais de plus j'ai la conviction que, dans les circonstances actuelles, cette œuvre est plus difficile et peut-être moins utile que jamais ; car si une armée de travailleurs arrivaient à dessé-

(1) Traité des fièvres intermittentes page 408 et suivantes.

cher les marais Pontins, ces résultats seraient bientôt annulés par l'absence d'une population suffisante pour les maintenir par l'entretien du sol rendu à l'agriculture ; il faudrait qu'il y eût non-seulement assainissement, mais repeuplement de cette vaste surface, au moins à sa périphérie ; elle est en effet séparée de Rome par un véritable désert de plusieurs lieues. désert tellement insalubre lui-même qu'il opposerait une barrière infranchissable aux communications quotidiennes que réclamerait la culture de la plaine Pontine, si cette plaine devait être entretenue par les habitants de Rome ; les marais Pontins ne pourront être assainis, et reprendre leur antique fécondité qu'au moment où les Romains, après avoir progressivement reculé la zone des cultures et de la salubrité autour de la ville même, arriveront ainsi jusqu'aux limites de ces marais pour leur appliquer le même système d'amélioration. Du reste nous avons prouvé que l'atmosphère de la plaine Pontine ne contribuait que pour bien peu à l'insalubrité de Rome ; si nous rappelons en outre que des tentatives incomplètes de desséchement de cette plaine sont dangereuses pour les petites localités qui les bordent, parce qu'on expose ainsi aux rayons du soleil une plus grande surface du sol marécageux, on comprendra qu'il nous semble plus rationnel de chercher à rendre d'abord son ancienne salubrité à la Campagne romaine, qui est l'ennemi le plus voisin, et de n'attaquer les marais Pontins eux-mêmes qu'avec les forces nécessaires pour en accomplir rapidement et complètement la transformation. »

On ne pourrait, on le voit, sans faire périr beaucoup de monde, entreprendre sur une vaste étendue la culture de la Campagne romaine, ni le desséchement des marais Pontins. On le pourrait, dès qu'on y aurait fait des plantations d'Eucalyptus aussi étendues qu'il serait nécessaire.

IV

CHAPITRE X.

Autres moyens d'assainissement.

Quoique, comme on voit, les plantations d'Eucalyptus soient le moyen le plus prompt, le plus sûr, le plus efficace et dans plusieurs cas le seul pour assainir les contrées malsaines des pays chauds, les autres moyens déjà connus ont de l'importance.

Les principaux, on le sait, sont le desséchement des eaux stagnantes ou des marais, le drainage et la culture.

L'infection peut quelquefois être le produit de marais isolés et alors lorsque ceux-ci ont été ou mis à sec, ou continuellement inondés de manière à mettre obstacle à ce que le soleil arrive à chauffer la vase, ils ne donnent plus des émanations délétères. Dans ce cas les résultats sont aussi prompts que saillants. On en a la preuve en Algérie.

Pendant les premières années de l'occupation, dit M. Moll (1) et aussi longtemps que la petite plaine qui touche à l'Est, fut un marécage, Bone avait une mortalité de 10 pour cent : elle n'était plus que de 7 pour cent en 1843 ; après l'achèvement des travaux en 1845, elle tombait à 2,82 pour 100. Bone est aujourd'hui une des villes les plus salubres de l'Algérie.

Le résultat est encore plus remarquable à Bouffarick. Cette ville établie au milieu des marais de la Mitidja, passait avec raison pour le point le plus malsain du pays ; jusqu'à 1841, la mortalité y était en moyenne de 20 pour cent. N'eut été son importance stratégique et commerciale on l'aurait abandonnée. Par suite du desséchement d'une portion seulement des marais qui l'environnent de toutes parts, la mortalité tombait en 1843 à 7 pour cent et en 1845 à 4, 04 pour cent.

(2) Rapport lu à la société Nationale et centrale d'Agriculture de France, et inséré dans le recueil des mémoires de cette société pour l'année 1852.

Il en a été de même l'orsqu'on a pu déverser les rivières dans les étangs ou dans les marais.

Le drainage quoique ses effets ne soient pas prompts n'est pas moins utile. Ces effets sont sainement appréciés par le professeur Graves de Dublin (1) d'après M. Chodvick.

« L'examen des différentes circonstances d'hygiène extérieure qui influent sur la santé générale, l'étude des causes des maladies prédominantes dans un pays, démontrent que le drainage a une importance qu'on n'aurait jamais certes soupçonnée, sans ces recherches spéciales. Cette importance est rendue manifeste, soit par les déplorables conséquences qu'entraîne la négligence de cette pratique, soit au contraire par l'augmentation des produits, par l'amélioration des conditions de salubrité, partout où cette opération est convenablement exécutée. En voici un exemple extrait du rapport de M. John Marshall, le jeune, secrétaire de l'Union (2) dans l'île d'Ely.

« On sait que l'île d'Ely fut pendant longtemps dans un état déplorable ; dépourvue de tous moyens de drainage elle était sans cesse inondée par les eaux des hautes terres : aussi les parties basses ne présentaient dans toute leur étendue que de vastes étangs stagnants, dont les vapeurs étaient pour l'atmosphère une source intarissable de miasmes pestilentiels. Aujourd'hui par suite d'améliorations successives qui ont été faites principalement pendant les cinquante dernières années une métamorphose a eu lieu, qui tient vraiment du prodige. Par leur labeur, leur activité et leur courage, les habitants ont transformé les plaines désolées en de gracieux et fertiles pâturages, et ils ont vu leurs travaux recompensés par d'abondantes moissons.

« Drainage, remblais, machines, murs de clôture, tout a été mis en œuvre : on a réussi a donner au sol, qui est aussi riche que celui du delta d'Egypte, la stabilité nécessaire, et rendu à

(1) Clinique médicale 7me leçon.
(2) On donne en Angleterre le nom d'Union aux administrations de bienfaisance qui étendent leur patronage sur un certain nombre de communes. Note du traducteur de l'ouvrage de Graves.)

l'atmosphère la pûreté qui lui manquait. Ces changements si considérables ont causé de grandes dépenses, mais ils ont été doublement profitables, car ils ont rendu à la culture bien du terrain perdu, tout en améliorant le reste et ils ont heureusement modifié la santé de la population. »

Les renseignements statistiques recueillis par M. Chodwick, et que nous nous dispensons de reproduire, prouvent que dans l'île d'Ely, la mortalité qui était de un sur 31 avant le drainage, était descendue après les premiers travaux à un sur 40 et s'est abaissée ensuite à la proportion d'un sur 47.

Personne, nous l'avons déjà dit, ne peut contester la grande influence que la culture produit sur la composition de l'atmosphère. Un pays bien cultivé dans toutes ses parties est entièrement exempt de maladies endémiques. Mais dans les régions chaudes, comme celles que nous avons en vue, est-il possible, est-il humain d'y fixer des populations avant de les avoir assainies ?

Pour ces contrées, nous nous agitons en vain dans un cercle vicieux, comme dit le S. P. Secchi (1). L'air est malsain par défaut de culture et le mauvais air empêche de cultiver. Il faut cepsndant que le domaine cultural s'étende et se développe partout, car sans cela il faudrait appliquer les doctrines de Malthus.

Si l'on veut assainir, il faut, comme cela a été surabondamment prouvé, ou détruire les débris organiques, ou neutraliser leurs émanations. Par les desséchements, par le drainage, on ne les détruit pas toujours, ou au moins on n'en anéantit qu'une partie. Par la culture on ne peut espérer de les anéantir, qu'après un travail opiniâtre de plusieurs années, pendant lesquelles les hommes qui tenteront l'épreuve périront et peut-être faudrait-il renouveler la population agricole trois et quatre fois.

Il est donc rationnel de diminuer autant que possible la virulence des émanations miasmatiques ; mais il est aussi

(4) Cosi noi ci troviamo in un circolo terribile, che la terra non si coltiva perché l'aria è cattiva, e l'aria è cattiva perché la terra non si coltiva.

rationnel de neutraliser l'action de celles que l'on ne peut pas empêcher. (1) C'est là le rôle des plantations d'Eucalyptus.

CHAPITRE XI.

Conditions à remplir pour assainir au moyen de l'Eucalyptus.

Les médecins savent tous que pour traiter avec succès une maladie, il faut opposer aux manifestations morbides, un remède dépassant par son énergie d'action la violence du mal. Moins d'un gramme de sulfate de quinine suffit pour arrêter les accès d'une fièvre intermittente simple et benigne, tandis qu'on administrera dans un cas de pernicieuse quatre et cinq grammes de la même substance.

Les principes d'après lesquels on est obligé de procéder dans l'emploi des moyens curatifs, doivent nous servir de guide dans l'application des moyens praphylatiques. Il faut donc que nous puissions produire un effet neutralisant proportionné à la force et à la malignité des émanations dont nous voulons anéantir l'action : il s'en suit que plus une contrée est malsaine plus la superficie consacrée aux plantations doit-être considérable.

Les miasmes sont transportés par les vents à de grandes distances : il est nécessaire qu'ils rencontrent un obstacle qu'ils ne puissent pas franchir : une main vigoureuse doit arrêter l'ennemi avant qu'il soit en mesure de faire usage de ses forces.

Comme c'est pendant la nuit, avant et après le coucher du soleil que l'économie animale est le plus disposée à recevoir

---

(1) Expliquons plus clairement notre pensée. Les desséchements, le drainage et la culture sont des moyens d'assainissement d'une grande valeur. Mais nous affirmons que dans la plupart des localités ces moyens sont inefficaces pour empêcher totalement l'infection : il faut parconséquent neutraliser les éléments d'infection dont on ne pourrait pas empêcher le mélange avec l'atmosphère.

l'atteinte de l'intoxication tellurique, il est essentiel d'entourer les habitations d'un épais rideau d'arbres, afin que le poison ne puisse s'introduire dans nos veines pendant notre sommeil ou pendant que nous nous abandonnons avec insouciance aux joies de la famille.

Cela ne suffirait pas parce que l'intoxication peut se produire pendant le jour et parce que du reste tout le monde ne peut pas se claquemurer dans l'habitation à heure fixe. D'où il résulte que l'on ne doit pas limiter les plantations aux pourtours des maisons. Leur étendue doit-être proportionnée à l'effet qu'on en attend ; plus cette étendue sera considérable, plus on sera sûr de dompter le mauvais air.

Mais il n'en résulte pas pour cela la nécessité de remplacer toute espèce de culture par celle de l'Eucalyptus. Nous espérons au contraire qu'une fois que cet arbre aura une place suffisante dans l'économie rurale des localités insalubres, on pourra varier, comme on voudra, la culture des terres. Nous espérons en outre que bien loin d'être diminuée, la superficie destinée aux céréales, aux prairies, aux plantes industrielles et à la culture arborescente, si on le veut, sera notablement augmentée.

L'on pourra d'abord planter les Eucalyptus sur les bords des ruisseaux et des étangs que l'on ne peut dessécher, autour des fossés et le long des murs de clôture. Les marais superficiels, les alentours des marais profonds, les terrains conservant un degré d'humidité empêchant toute autre culture, devraient être occupés en entier par l'Eucalyptus. Ces terrains devraient être transformés en véritables forêts : les Eucalyptus devraient former des massifs, ne laissant entre les pieds que l'espace nécessaire pour permettre aux arbres d'acquérir un développement complet. Mais s'il n'existe dans la contrée ni marais superficiels, ni marais récemment desséchés, il ne faudra pas moins former des massifs.

L'on ne doit pas oublier que la sphère d'action des arbres, si elle s'étend au loin, pour protéger contre les vents, est un peu plus limitée pour absorber les émanations du sol et neutraliser par leurs propres émanations les parties ou les éléments qui ne seraient pas absorbés.

Si nous étions appelés à diriger les opérations a faire pour assainir de vastes étendues de terrains au moyen de plantations d'Eucalyptus, voici comment nous procèderions : après que les alentours des habitations, les bords des ruisseaux et des fossés auraient été ombragés, nous choisirions de distance en distance les emplacements les plus convenables, pour former les massifs. Ceux-ci ne devraient pas être éloignés les uns des autres de plus d'un kilomètre et demi ou deux kil. dans tous les sens. Il y aurait avantage à couvrir les petits coteaux ou les ondulations de terrain existant toujours dans les plaines unies, afin d'arrêter ou amortir les courants, puisque l'air qui traverserait le massif, serait modifié par les effluves odoriférantes des feuilles

En adoptant les distances que nous venons d'indiquer, il suffirait que chaque massif occupât trois ou quatre hectares de terrain.

Les plaines se terminent souvent par des pentes abruptes ou graduellement inclinées ; il faudrait dans ce cas que l'extrêmité supérieure de la plaine fut bordée par deux rangées d'arbres L'impétuosité du vent venant de la partie supérieure serait notablement affaiblie, et il n'aurait que la force suffisante pour amener dans la partie insalubre les éléments que nous jugeons utiles pour assainir. D'un autre côté les miasmes seraient arrêtés dans leur course.

On sait que les émanations telluriques ne se bornent pas à infecter l'air dans les endroits où elles prennent naissance : leur action s'étend au loin, et il paraît démontré que leur domaine gagne en étendue en proportion de l'élévation de la température de l'atmosphère, comme cela a été établi par M. Salisbury. (1)

Ainsi donc en opérant selon les indications que nous avons données, les fièvres telluriques ne disparaîtront pas seulement des contrées inter-tropicales, et partout où l'Eucalyptus pourra avoir une végétation active : Elles disparaîtront encore des lieux situés dans la sphère d'action des terrains assainies.

(1) Voir Chapitre V.

Nous pensons qu'il en sera de même pour les pyrexies, le choléra et la fièvre jaune dans les régions tropicales.

On nous permettra de spécifier comment on devrait procéder pour assainir le littoral de la Corse.

Nous nous bornons pour cela à reproduire ce que nous disions dans une autre publication : (1)

« Les petites plantations ne pouvant modifier sensiblement l'état de l'atmosphère, nous croyons que sans l'intervention du gouvernement on n'obtiendrait pas un résultat définitif. Il faudrait que l'ennemi fut, pour ainsi dire, attaqué et combattu en bataille rangée, en faisant des plantations sur plusieurs points à la fois, en les établissant sur des espaces considérables.

« Si l'on veut que le pays soit complètement assaini, il est indispensable de boiser par l'Eucalyptus d'abord dix hectares de terrains au moins dans chacun des endroits ci-après, savoir : La plaine de Biguglia, en commençant par la partie supérieure et le côté sud de l'étang de Chiurlino, ainsi que dans les plaines de Marana, de Casinca, de Cervione, d'Aleria, entre les étangs de Diana et d'Urbino. Il faudrait aussi boiser une égale superficie entre les plaines de Ghisonaccia et Migliacciaro et dans un point intermédiaire entre Migliacciaro et Solenzara. Un bois de dix hectares devrait également être établi près de l'étang del Palo, un autre près de Portovecchio, puis enfin entre cette dernière commune et Bonifacio.

« Six ou sept plantations de cinq hectares chacune, suffiraient pour assainir tous les environs du golfe d'Ajaccio, et avec trois plantations de la même contenance, on assainirait les plages de Liamone et de Sagona.

« Il faudrait en outre, selon nous, qu'une lisière d'Eucalyptus, d'une superficie de deux hectares, fût établie tous les vingt-cinq kilomètres, le long du littoral de l'ouest.

« Une plantation de six ou sept hectares rendrait pour toujours salubres les environs de Calvi, et une autre d'égale importance compléterait l'assainissement de Saint-Florent

---

(1) Le mauvais air en Corse. — Ses causes, son action. — Moyens d'assainissement, mémoire publié en 1869.

(1). Plusieurs groupes de cent cinquante arbres devraient être établis entre Macinaggio et Brando.

« Dans la plage de Figari. comme dans celles qui sont situées dans le bassin de Valinco, le mauvais air cesserait dès qu'on formerait sur quatre ou cinq points des bouquets d'Eucalyptus, de trois hectares chacun. Il est fort possible que, une fois le littoral boisé dans les endroits que nous venons d'indiquer, les localités de la région intermédiaire où existe aujourd'hui le mauvais air, s'en trouveraient totalement affranchies. Au surplus des pieds d'Eucalyptus, placés de distance en distance sur les bords des cours d'eau, absorberaient les émanations malsaines qui se produiraient sur les lieux ou qui y arriveraient de loin. »

CHAPITRE XI.

Avantages économiques de la culture de l'Eucalyptus.

Quinze ans ne se sont pas écoulés, depuis que les premiers échantillons de bois d'Eucalyptus, ont pénétré en Europe. Cinq ans après, en 1865, M. Hardy, le savant directeur du jardin de Hamma en Algérie en faisait connaître les qualités.

« Le bois des Eucalyptus. dit-il, est très-solide et propre à tous les genres de constructions civiles et navales. Les navires baleiniers construits à Robert Town sont renommés pour leur solidité, et ils la doivent au bois d'Eucalyptus. L'Inde qui passe pour avoir de bons bois et qui possède le Teck tire du bois d'Eucalyptus d'Australie et particulièrement de la Tasmanie, pour la construction des navires et pour

---

(1) Il y a environ dix-sept ou dix-huit ans que les marais de Calvi et de Saint-Florent ont été desséchés. On a remarqué depuis que les fièvres pernicieuses sont plus rares, mais que les fièvres intermittentes simples sont toujours nombreuses : c'est une preuve que nous sommes dans le vrai en affirmant que le desséchement modifie le climat, mais ne l'assainit pas d'une manière satisfaisante.

traverses des chemins de fer. Les travaux maritimes, quais, digues, jetées sur la côte australienne, sont faites en bois d'Eucalyptus, et la dernière exposition internationale de Londres, au département de l'Australie et de la Tasmanie, il y avait des rondelles de nombreuses espèces d'Eucalyptus, surprenantes par leurs dimensions et révélant, sous le vernis des nuances de nature à être recherchées par l'ébénisterie. »

On voit par ce que dit M. Hardy, que les plantations d'Eucalyptus étaient jugées pouvoir devenir une grande source de richesse.

Ce que la science, les renseignements fournis par les voyageurs et l'examen de quelques échantillons de bois d'Eucalyptus avaient fait pressentir, l'expérience l'a confirmé.

Nous ne pouvons pas nous appuyer beaucoup sur notre expérience personnelle, car nous n'avons commencé à planter quelques pieds d'Eucalyptus qu'en 1865. Quelques-uns seulement des premiers pieds ont survécu : ils sont aussi peu nombreux ceux dont l'existence date de 1866. Les plantations de quelque importance faites en Corse, ne datent que de 1870. Les arbres qui ont six et sept ans, mesurant près d'un mètre de circonférence à un demi-mètre au-dessus du sol, donneraient d'après nos calculs, si on voulait les abattre, au moins un mètre cube de bois. La valeur du bois, en prenant pour termes de comparaison la valeur de l'essence la plus commune en Corse, celle du pin laricio, ne serait pas inférieure à trente francs. Mais le pin laricio met cent vingt et cent trente ans, et le chêne soixante-quinze ans pour arriver à la grosseur que l'Eucalyptus atteint à neuf et dix ans. Combien donc ne serait-il pas préférable de demander à l'Eucalyptus l'approvisionnement en bois, que l'on attend du chêne et des résineux.

L'Angleterre, la France et l'Italie achètent chaque année, à ce qu'on assure, pour quatre cents millions de bois d'œuvre à l'étranger, ces trois nations pourraient cependant en produire d'ici à dix ans, pour satisfaire aux exigences des divers services, et aux besoins de toute nature, et même pour en livrer à l'exportation.

L'Angleterre pourrait créer d'immenses forêts dans les

possessions des Indes ; la France aurait, sans compter Madagascar et la Cochinchine, l'Algérie et la Corse, où elle pourrait
s'approvisionner largement de bois dans quelques années ;
l'Italie, en boisant la campagne romaine, une partie de la
Sardaigne et de la Sicile, aurait de quoi satifaire amplement
aux besoins de sa marine.

Si les gouvernements de ces trois nations, ne prennent
pas l'initiative pour boiser de grandes étendues en Eucalyptus, ils ne tarderont pas à déplorer leur fatale imprévoyance. La consommation du bois augmente journellement ; les
immenses forêts commencent à être épuisées et un jour viendra où le bois fera défaut à l'industrie et aux arsenaux des
Etats. (1)

Quoique nous soyons convaincu que les gouvernements
devraient être les premiers à donner l'exemple et boiser de
grandes superficies en Eucalyptus, nous voudrions que les
propriétaires des terrains où cet arbre peut prospérer, n'at-
tendissent pas l'initiative et les encouragements qui pourraient
trop tarder.

On ne peut exiger des propriétaires et des industriels qu'ils
fassent des sacrifices dans l'intérêt général, lorsque celui-ci
est en opposition avec leur intérêt privé. Mais la culture de
l'Eucalyptus promet des avantages si considérables que nous
n'hésitons pas à les engager à établir des plantations sur la
plus vaste échelle.

M. Lambert (2) qui a cultivé et exploité l'Eucalyptus en
Algérie, établit par des calculs basés sur sa propre expérience
et sur les résultats obtenus, le rendement probable et même
certain que nous donnerait l'Eucalyptus.

« J'admettrai, dit-il, que le nombre d'arbres existant au
début sera successivement réduit — par la mortalité, la
malvenue et les accidents de toute sorte — de 20 pour cent

---

(1) On trouvera dans les dernières pages de notre ouvrage la reproduction
d'un article remarquable, dont nous avons déjà cité quelques mots, du journal
le *Temps* où la nécessité d'augmenter la production en bois est prouvée
jusqu'à l'évidence. Nous le recommandons à l'attention de nos lecteurs.

(2) Loco Citato.

avant la première éclaircie, de 15 pour cent entre la première et la seconde, de 10 pour cent pendant la dernière période, suivant ainsi la décroissance du danger à mesure que le massif s'en défend mieux par l'élévation, la solidité et l'écartement progressif des arbres.

« D'après ces réductions et la consistance de nos coupes, comprenant toujours la moitié des arbres qu'elles rencontrent, l'hectare semé ou planté en Eucalyptus à 1 m. 80 d'équidistance moyenne en offrira 3,025 au début, 2,420 à la première éclaircie, 1,028 au moment de la seconde et 463 à la troisième. Partant de ces bases et des autres données établies plus haut, je formule ainsi qu'il suit le plan et le rendement de notre exploitation. (1)

« *Première éclaircie* à trois ans (2) exploitation de 1,742 ganles et perchettes valant pour les usages indiqués ci-dessus un franc l'un dans l'autre, ensemble............ 1,216 »

Espacement doublé entre les sujets restants, soit 1 mètre 80 × 2 = 3 mètres 60.

« *Deuxième éclaircie* à six ans. 314 arbres abattus, produisant des poteaux télégraphiques (3) et des rondins pour charronnage, usines, etc., d'une valeur de 5 francs net par pied d'arbre au total ci... 2,570 »

A reporter........ 3,786 »

---

(1) C'est dans la crainte, que tous nos lecteurs n'aient pu avoir entre les mains le travail de M. Lambert, que nous nous sommes décidé à en reproduire un si long passage. Nous ne saurions pas cependant trop engager ceux qui voudraient cultiver et exploiter l'Eucalyptus à étudier l'ouvrage de M. Lambert.

(2) Si nous devons à en juger d'après ce que nous avons observé en Corse cette première éclaircie, pour les usages, auxquels M. Lambert les destine, peut être faite à deux ans. Cependant nous ne maintenons les chiffres de sa valeur que pour mémoire, attendu qu'en Corse, on ne trouverait pas le prix des gaules fixé par lui, mais on trouverait à placer le produit de la première éclaircie pour les échalas des vignes.

(3) La plupart des Eucalyptus que nous avons en Corse à quatre ans dépassent en hauteur et en grosseur les poteaux de télégraphe, quoiqu'en Corse, en raison de la violence des vents, on ait besoin qu'ils soient plus résistants qu'ailleurs.

Report.......	3,786 »

Espacement porté à 7 mètres 20.

« *Troisième éclaircie* à neuf ans, portant sur 231 arbres Produit dominant: la traverse, le charronnage, la charpente, la menuiserie, valeur réduite à 30 francs donc ci................... 6,930 »

« Il reste 231 arbres, à un intervalle réparatif de 14 mètres, et qui valent alors, comme les précédents, ci............................... 6,930 »

TOTAL en neuf ans.............. 17,640 »

Nous avons l'espoir que ceux sous les yeux desquels tombera notre travail, se hâteront de lire en entier le mémoire de M. Lambert. Nous croyons inutile de suivre ce dernier dans ses évaluations des frais de plantations, du prix de location des terrains ; il établit qu'en calculant même les intérêts composés, l'exploitation de l'Eucalyptus se solde par un bénéfice de 15,210 fr. l'hectare.

Un observateur aussi éclairé et aussi expérimenté ne peut s'être trompé dans ses appréciations, Du reste comme on l'a déjà vu, d'après les faits constatés en Corse, les appréciations de M. Lambert, loin d'être exagérées, sont plutôt au-dessous de la vérité.

Quel profit donc ne pourrait-elle pas tirer la Corse, pour ne parler que de notre pays, de l'Eucalyptus. Sans enlever un pouce de terrain aux cultures habituelles, on pourrrait en couvrir, en une seule année, au moins trente mille hectares, donnant avant dix ans un produit en bois dépassant la valeur de quatre cents millions.

Mais si, proportionellement aux superficies dont on peut disposer, l'Angleterre pour les Indes, les gouvernements de l'Amérique méridionale, la France pour l'Algérie, l'Italie pour la Sardaigne et la Sicile donnaient autant d'extension, dira-t-on, à la culture de l'Eucalyptus que vous conseillez de lui donner en Corse, la valeur vénale du bois tomberait à des prix si minimes que le profit serait nul.

Nous répondrons premièrement que c'est un fait bien établi en économie politique que pour les objets d'un usage universel, la consommation augmente à mesure qu'augmente la production. Les nouvelles constructions de toute espèce, l'ameublement des anciennes et des nouvelles demeures, l'extension de la marine marchande de toutes les nations, suivront une progression telle que le bois d'Eucalyptus aura toujours un prix rémunérateur. Du reste il ne pourrait tomber très-bas sans produire une modification très-profonde en économie politique. L'abaissement du prix du bois suffirait presque à lui seul pour éteindre la plaie du paupérisme.

Si le pauvre peut se construire un abri, peut se chauffer avec une légère dépense, est-il beaucoup à plaindre !

« Admettons, dit M. Lambert, que la dépréciation aille jusqu'au dernier degré de l'avilissement, jusqu'à cette limite invraisemblable et à coup sûr infranchissable qui ne laisserait au produit ligneux que la valeur de son équivalent en charbon de terre — cet autre combustible qui va s'épuisant sans se renouveler et renchèrissant fatalement — il resterait encore assez de valeur. »

Nous avons parlé ailleurs (1) des propriétés médicinales de quelques produits de l'Eucalyptus ; mais le parti que peut tirer la thérapentique de ces produits ne nous semble pas augmenter sensiblement la valeur vénale des plantations. Quelques-uns de ces produits étant déjà passés ou à la veille de passer dans l'industrie, ainsi que le fait remarquer M. Lambert, méritent une mention spéciale. Ce sont : 1o Le tan déjà utilisé en Australie, en Espagne et en Portugal, pour la préparation des cuirs ; 2o l'essence (2) qui commence à sortir du domaine scientifique pour entrer dans le commerce ; 3o Les fibres de l'écorce apte à faire des nattes, des paillassons, du papier et du carton.

(1) Étude sur la culture et la composition élémentaire de l'écorce et de la feuille de l'Eucalyptus globulus, mémoire publié en 1869. L'Eucalyptus globulus. — Son rang parmi les agents de la matière médicale, travail publié en 1872.

(2) Nous avons constaté, comme M. Gimbeot de Cannes, que l'essence d'Eucalyptus est un médicament doué d'une action des plus énergiques.

Mais ces produits, nous le répétons, ne sont que des accessoires. Le bois suffit à lui seul pour rendre la culture et l'exploitation de l'Eucalyptus, l'opération la plus profitable qu'on puisse accomplir en économie rurale.

CHAPITRE XII.

Culture de l'Eucalyptus.

On a beaucoup écrit sur la culture de l'Eucalyptus : nous avons néanmoins cru devoir résumer ce que notre expérience personnelle nous a enseigné à ce sujet, tout en mettant à profit les faits constatés par ceux qui ont avant nous, ou après nous, étudié la nature de ce *diamant des forêts* comme l'appellent les Anglais.

L'Eucalyptus ne se multiplie que par sa graine, laquelle est fine, ronde noire, et ressemble, à l'aspect extérieur, à celle de choux.

Parmi les modes de propagation et de culture nous n'avions jusqu'ici employé qu'un procédé que nous allons faire connaître.

On remplit à demi de fumier d'écurie une caisse, des pots, ou une excavation faite en pleine terre, puis on comble avec du terreau. La graine est jetée par-dessus et on la couvre à peine, en piétinant avec une spatule ou avec la main : on arrose selon le besoin. Si le semis est fait en mars ou en septembre, époques qui nous semblent les plus propices, pour la germination les planticules se montrent le douxième ou tout au plus le quinzième jour, après la mise en terre. C'est alors qu'il faut avoir soin de ne pas épargner les arrosages, si l'atmosphère n'est pas pluvieuse.

Dans le cas où l'on disposerait d'un terrain bien meuble, fertile et où les animaux ou les volailles n'auraient aucun accès, on pourrait placer les jeunes plants à demeure, un mois après qu'ils se sont montrés à fleur de terre. Ces plants ont déjà un pivot très-long, encore très-tendre et de nombreux capillaires. Il faut par conséquent enlever chaque pied, après avoir bien mouillé le sol, avec un arrosoir à pomme et le planter de manière à ce que le pivot qui doit être intact ne rencontre aucun obstacle, jusqu'au fond de la petite fosse. Des arrosages fréquents sont indispensables, pendant tout le cours de la première année, si le terrain n'est pas naturellement humide.

Dans le cas où l'on devrait différer la plantation, on place, en prenant les précautions que nous venons d'indiquer, un seul plant dans un pot ou dans un petit panier rempli de honne terre, et l'on humecte de temps en temps. L'on ne doit, à moins que les pots n'aient de fortes dimensions, y laisser le jeune plant plus de trois ou quatre mois, sans quoi la racine, croissant autant que les parties extérieures, se contourne et se déforme. L'arbre n'a plus ensuite, même placé à demeure, qu'une végétation languissante.

Lorsqu'on doit sortir des pots les plantes un peu adultes, il faut prendre les mêmes précautions que pour les jeunes. Rien ne s'oppose cependant à ce que l'on puisse transporter les plants même dépotés à certaines distances. Nous en avons reçu d'Alger qui n'avaient nullement souffert : il suffit d'entourer les racines de mousse humide, enduite d'argile, et de les placer, s'ils doivent voyager longtemps, dans une caisse à clairvoie; mais il faut alors, avant de les mettre en terre, placer les pieds dans l'eau pendant vingt-quatre heures.

On risquerait de ne pas assurer la réussite de la plantation si surtout on avait en vue de former un massif, si on n'avait pas défoncé le terrain à soixante ou cinquante centimètres au moins.

Au début les racines sont molles, flexibles et elles ne pourraient percer le sol, s'il conserve quelque dureté. L'on pourra pour l'ordinaire se dispenser d'arroser, si la plantation est faite au mois d'octobre ; il n'en est pas de même, si elle est faite en mars, ou dans les autres mois du printemps : Un arrosage tous les huit jours, jusqu'à l'automne bien avancée, est alors indispensable. Les binages fréquents, pour les jeunes arbres et principalement pour ceux venant de semis sur place sont encore plus utiles que les arrosages. Après la troisième ou la quatrième année, on pourra laisser croître l'herbe et l'utiliser pour le pâturage. Mais on ne doit faire aucune culture dans les intestices. L'Eucalyptus ne souffre aucun voisinage ; il est en quelque sorte jaloux de tous les autres végétaux, car il absorbe tant d'éléments du sol et de l'atmosphère que les céréales elles-mêmes lui nuisent beaucoup.

Il faut déterminer la distance à laisser entre les pieds, selon le système d'exploitation que l'on veut adopter. Si, comme l'a fait M. Lambert, on veut exploiter l'Eucalyptus à divers âges, il suffit de planter à un mètre 80 c. de distance dans tous les sens. Ce système peut être aussi suivi, si l'on veut exploiter en taillis : rien ne s'oppose en effet, à ce que l'on puisse établir avec l'Eucalyptus un taillis très-productif, puisque si on le recèpe, il repousse du pied des jets vigoureux.

Lorsque nous avons commencé à cultiver l'Eucalyptus, nous n'avions que quelques plants à notre disposition, et nous les avons placés sur différents points : nous avions cru devoir les élever et les soigner comme des arbres de jardin. Ainsi nous leur donnions des tuteurs et nous supprimions les branches latérales dans l'espoir de faciliter la croissance du tronc. Nous n'avons pas tardé à nous apercevoir que les tuteurs au lieu d'être une défense contre les coups de vent, exposent le pied, qui étant jeune fléchit, sans être brisé, à suivre le tuteur dans sa chûte et à être déraciné.

Il ne faut donc pas donner de tuteurs aux jeunes Eucalyptus, il ne faut pas non plus se hâter de supprimer les branches gourmandes. Dès que l'arbre est parvenu à un certain degré de croissance, les branches latérales qui penchent vers le sol, peuvent être abattues sans inconvénient, dès que le changement de couleur des feuilles indique que la circulation de la sève dans leur intérieur a diminué.

L'Eucalyptus, si on excepte le cas que nous venons de mentionner, dès qu'on lui fait subir la taille, se montre souffreteux et sa croissance se ralentit.

v

L'on peut cependant, si l'on veut qu'il ait une forme pyramidale et que ses rameaux s'étendent horizontalement, pincer la pointe ou la flèche, lorsqu'elle est entièrement herbacée. C'est ce procédé qu'il faudrait employer sur tous les pieds, lorsqu'on a en vue d'assainir par l'Eucalyptus les contrées insalubres, et que l'on se préoccupe peu d'obtenir du profit par la production du bois.

Nous terminons en engageant ceux qui voudraient être complètement renseignés sur la culture et l'exploitation de l'Eucalyptus. à lire le travail de M. Lambert, que nous avons eu souvent occasion de citer.

Il nous reste à faire une dernière remarque. Les jeunes plants en pots, entourent la motte d'un tissus serré de racines capillaires. Ce réseau, comme le conseille M. Cordier, doit être élagué et même entièrement enlevé Alors les racines traçantes ne se multiplient pas trop et le pivot prend de la force : ce qui permet à l'arbre encore jeune de résister au vent.

APPENDICE.

On pourrait peut-être désirer que nous fissions connaître quelles mesures devraient être adoptées par chaque nation dans le but d'étendre les plantations d'Eucalyptus. Il nous est impossible de satisfaire ce désir, parce que nous ne possédons pas les renseignements nécessaires pour indiquer les voies et les moyens.

Il n'en est pas de même de la Corse. Nous avons soumis des propositions au Gouvernement et nous avons été encouragé, secondé dans nos efforts par la société d'acclimatation de Paris. Nous devons en témoigner notre reconnaissance à son illustre président M. Drouin de Lhuys et à son savant secrétaire Général M. Geoffroi St-Hilaire.

Le concours de l'État et des propriétaires des terrains, est nécessaire en Corse, pour parvenir à un assainissement complet.

Deux ministres ont bien voulu prendre en considération nos renseignements sans pourtant adopter aucune mesure importante.

Nous nous sommes enfin adressé à M. le Directeur Général des forêts, lequel paraît être entré entièrement dans nos vues.

Nous faisons un pressant appel à tous les propriétaires des terres sur le littoral et à tous les corps constitués, de solliciter la réalisation des projets dont l'utilité paraît reconnue et offrir à des conditions acceptables les terrains à M. le Directeur général des forêts.

Par le rapport ci-après adressé à cet administrateur supérieur et par la réponse, dont il nous ahonoré, ou connaîtra quels sont ces projets et comment ils peuvent être mis à exécution.

Ajaccio, le 6 août 1873.

Monsieur le Directeur Général,

Vous connaissez mieux que personne les sacrifices que fait annuellement la France pour son approvisionnement de bois de toute espèce. Vous savez aussi que les ressources forestières diminuent de jour en jour, et que malgré les reboisements opérés et ceux que l'on tente d'effectuer, la pénurie du bois d'œuvre se fera sentir dans un avenir peu éloigné. L'on m'a même assuré que vous vous occupez des mesures à prendre pour augmenter dans une proportion aussi large que possible les ressources en bois.

Le Département de la Corse pouvant contribuer pour beaucoup à vous mettre à même d'atteindre le but que vous avez en vue, je prends la liberté de vous fournir des renseignements et de vous soumettre quelques propositions.

Lorsqu'on agite les questions de boisement, l'attention se porte immédiatement sur les montagnes, parce que ce sont les montagnes dont le boisement est jugé le plus utile dans la plupart des localités.

La Corse qui possède peut-être plus de trois cent mille hectares de montagnes en partie rocheuses, compte dans la région la plus élévée de vastes superficies autrefois couvertes de beaux arbres et aujourd'hui tout-à-fait dénudées. Ce n'est pas, cependant sur la région montagneuse que j'appellerai, M. le Directeur Général, votre attention pour le moment.

Je proposerai une opération plus avantageuse que celle dont les montagnes pourraient être l'objet. Je crois devoir, pour vous mettre à même de prononcer en pleine connaissance de cause, vous fournir quelques explications dont vous apprécierez, je n'en doute pas, l'utilité.

L'Ile de Corse est d'une forme on ne peut plus irrégulière : du Sud au Nord, ses côtes sont tantôt abruptes et parsemées

de falaises, tantôt elles forment de petits promontoires constituant par leur prolongement des crêtes ou des collines
séparées par des vallées étroites. A l'Ouest les côtes sont
moins irrégulières. Elles se dilatent de distance en distance ;
les vallées sont assez espacées et on y voit même des plages
d'une certaine étendue. Elles paraissent avoir pris naissance
à la suite des atterrissements et des alluvions successifs. Il
existe même au Sud une petite plaine connue sous le nom de
Campo-di-Loro, produite à la longue par les atterrissements
des rivières du Prunelli et de la Gravona : il en existe d'autres
au voisinage de plusieurs golfes, ou près des embouchures
des cours d'eau, comme le Liamone et Sagone dans l'arrondissement d'Ajaccio et le Taravo dans l'arrondissement de
Sartène. Mais la partie la plus importante de la Corse, c'est
la région de l'Est. Elle se compose d'une plaine unie, à peine
interrompue par de légères ondulations de collines. Sa longueur entre Bastia et Bonifacio dépasse 80 kilomètres : sa
largeur varie entre cinq et douze kilomètres. Elle est traversée de distance en distance par les principaux cours d'eau de
la Corse.

Cette description sommaire s'appliquant à une superficie
de près de cent cinquante mille hectares, suffit pour vous
donner une idée exacte de la contrée dont il s'agit et de la
fertilité d'une partie des terres dont elle se compose. Je dis
une partie parce que ce n'est que dans les bassins ou les
delta des rivières que les alluvions réitérées ont donné à
la couche végétale une grande profondeur et l'ont enrichie
de débris organiques. Sur plusieurs points à surface plane
ou disposés en côteaux, la couche végétale est peu profonde,
le sous-sol dans sa première couche est composé d'argile
calcaire assez compacte.

Il existe en outre de vastes surfaces dont le sol, comme le
sous-sol résultent d'argile mêlée à de la terre végétale, elles
sont encore à l'état de ce que nous appelons makis en Corse,
c'est-à-dire couvertes de bruyères, de lentisques, d'arbou-
siers, de cystes et de plantes sarmenteuses. Ces terrains ont-
ils été toujours des makis ? C'est la question que je me suis

souvent posée, et pour la résoudre, je l'ai étudiée avec attention et j'ai pratiqué des fouilles.

J'ai cru pouvoir conclure de mes études et de mes expériences confirmées à peu près par la tradition historique qu'il
existait autrefois dans les plaines de l'Est de vastes et ma-
gnifiques forêts.

C'est dans cette plaine selon toute vraisemblance, que se
fixèrent les premiers habitants de l'île, dont la population se
trouva augmentée par des colonies romaines qui y furent
envoyées à diverses époques. On dut naturellement tirer des
forêts les plus rapprochées le bois employé dans les constructions ; il en restait encore assez pour maintenir la salubrité de l'air, et pour suffire aux besoins de la population du
littoral. Mais lorsque, entre le huitième et le dixième siècle, les
vicissitudes politiques, forcèrent les Corses à abandonner la
région maritime, pour s'établir sur les hauteurs, les forêts
de la plaine furent entièrement détruites. Le feu fut le principal agent de destruction.

J'ai parcouru presque tous les makis, et il n'y en a pas un
seul où je n'ai trouvé des souches de gros arbres carbonisés.
Les troncs et les racines de ces cadavres végétaux me semblent indiquer que le sol de nos makis est plus fécond qu'il ne
paraît à la surface. La couche superficielle est formée des
détritus du terrain que les pluies y ont amenés; depuis que
les collines et les crêtes supérieures avaient été dépouillées
de terre végétale. Les couches inférieures, au contraire, ont
été formées lorsque l'humus abondait encore sur les
collines.

Cela prouve, si je ne m'abuse, Monsieur le Directeur
général, que si l'on plantait des arbres dans nos makis,
même dans ceux qui en apparence sont stériles, leurs racines
ne tarderaient pas à pénétrer assez avant pour y trouver une
nourriture riche et substantielle. Je crois donc que le boisement des plaines et surtout de la plaine de l'Est, aurait une
réusssite complète Quelle serait l'essence qui devrait être
choisie de préférence ? C'est l'Eucalyptus Globulus. J'ai introduit en 1865 cet arbre en Corse. J'en ai d'abord planté quelques pieds dans le terrain compris dans le périmètre de la

colonne horticole de St-Antoine, aujourd'hui pénitencier de
Castelluccio. J'en ai fait planter ensuite à Ajaccio et j'ai été
assez heureux pour obtenir qu'il en fût planté, à titre d'essai
un différents points du littoral de la Corse. Aujourd'hui il en
existe des pieds en assez grand nombre à Castelluccio, à
Chiavari, à Casabianda, près de Bastia, dans l'arrondissement de Sartene, dans le littoral de l'ouest à Sagone, en
Balagne et dans le Cap-Corse. Partout il végète avec vigueur
et sa croissance est on ne peut plus rapide.

Vous connaissez, sans doute, les qualités du bois d'Eucalyptus, qui ne le cède à aucun autre par sa solidité et la
finesse de son grain. Je suis convaincu que si vous vouliez
bien adopter la combinaison que je vous propose, le gouver-
vernement et le Commerce pourraient tirer de la Corse autant
de bois qu'ils en auraient à employer. Il n'existe dans nos
plaines qu'une très-petite quantité de terrains domaniaux ou
communaux. Il faut donc boiser les propriétés particulières.
L'État voudra-t-il faire l'acquisition des terrains à boiser ?
Ce serait sans contredit le meilleur système ; mais je doute
beaucoup qu'il puisse être adopté. Je puis vous donner l'as-
surance que les propriétaires consentiront sans difficulté à
ce que votre administration occupe autant de terrain qu'elle
voudrait pour le boiser. Les conditions de la cession pourraient être débattues ; mais il me semble qu'il y aurait moyen
de sauvegarder les intérêts de toutes les parties : ce serait de
fixer une époque après laquelle la moitié de la superficie
boisée ferait retour au propriétaire.

Si cette combinaison vous semble pouvoir être réalisée,
j'interviendrai activement auprès des propriétaires pour
seconder votre administration. Je n'hésite pas à vous déclarer
Monsieur le Directeur général, que la Commission Départe-
mentale et le Conseil général sollicitent avec empressement
le boisement par l'Eucalyptus des plaines et surtout de celle
l'Est. Ils sont convaincus que cette opération sera suivie de
l'assainissement de la contrée la plus productive de la Corse
et qui reste inculte et presque déserte à cause des fièvres
endémiques qui font annuellement de nombreuses victimes

C'est dans ce bnt aussi que je me ferais un devoir de faciliter autant que possible la tâche qui serait entreprise par votre administration. Celle-ci, si elle consent à boiser les plaines, aura la satisfaction d'avoir rendu à la Corse un service de la plus haute importance. Le jour où le littoral de l'Est sera assaini, une ère de prospérité sera ouverte à cette île, et elle n'aura plus besoin, pour augmenter sa population et sa richesse, de demander des sacrifices à la Mère-Patrie.

Suit le rapport de M. le Directeur général.

Paris, le 26 décembre 1873.

Monsieur le Président,

Vous avez bien voulu m'exposer les avantages que présenterait au double point de vue de la richesse forestière de la France et de la prospérité de la Corse, le boisement avec l'Eucalyptus globulus, des plaines malsaines de cette île, et notamment de celle qui longe la côte orientale dite plaine du Fium'Orbo. Vous m'avez demandé, en même temps, pour l'exécution de cette œuvre importante, le concours de l'administration des forêts.

Je partage entièrement vos vues, Monsieur le Président, sur l'importance de cette entreprise et je reconnais tout l'intérêt qui s'attache à son succès : mais pour répondre à la demande que vous avez bien voulu m'adresser, j'ai besoin d'être fixé sur les conditions dans lesquelles le travail pourra s'effectuer, les difficultés pratiques que présentera son exécution et le montant de la dépense à laquelle il donnera lieu.

Je viens en conséquences de donner des instructions pour que votre projet soit étudié à tous ces points de vue. J'ai chargé de ce travail un des membres du Conseil de mon administration, M. Meynier, qui a rempli autrefois en Corse les fonctions d'Agent forestier et qui m'a souvent entretenu de

l'utilité que présenterait la transformation en forêt de la vaste
plaine du Fium'Orbo. Il se rendra à cet effet sur les lieux dès
que la saison le permettra, c'est-à-dire au mois de février
prochain.

A son retour seulement, Monsieur le Président, je pour-
rais vous faire connaître dans quelle mesure l'administration
des forêts pourra s'associer à la réalisation de votre projet
dont elle reconnaît en principe toute l'importance et toute
l'utilité.

Veuillez agréer, etc.

Le Directeur Général des forêts :

Signé : FARÉ.

———

Afin d'édifier complètement tous les possesseurs de terrains, où peut vivre et prospérer l'Eucalyptus, sur les avantages que l'on peut retirer de cet arbre, nous donnons aussi
place dans notre publication à deux remarquables articles,
insérés un dans le *Journal Officiel* du 15 février 1875 et l'autre que nous avons déjà mentionné, dans le journal *Le Temps*
du 14 décembre 1874.

« *De l'emploi de l'Eucalyptus au point de vue de la thérapeuti*
que, du reboisement et des constructions. (1) Plusieurs fois il a été
question dans ces colonnes d'un arbre dont le nom a eu depuis
quelques années un grand retentissement dans le monde
savant en raison des nombreuses applications industrielles et
médicales dont il est susceptible. Nous voulons parler de
l'Eucalyptus, arbre originaire d'Australie, importé en France
vers 1860.

Dernièrement encore, nous citions les résultats heureux
obtenus à la suite d'essais d'acclimatation de cet arbre en
Algérie.

Qu'on nous permette de revenir sur ce sujet et de donner

———

(1) Article extrait du *Journal Officiel*.

de nouveaux détails relatifs surtout aux usages très-divers auxquels se prête l'Eucalyptus.

On compte un grand nombre de variétés d'Eucalyptus parmi lesquelles nous citerons seulement : l'*Eucalyptus globulus*, l'*Eucalyptus rostrata*, le *blou.led gum*, l'*Euca'yptus gigantea*, l'*Eucalyptus obliqua* et l'*Eucalyptus amygdalina*, etc.

Les caractères généraux de toutes les variétés d'Eucalyptus sont une taille presque gigantesque et une croissance des plus rapides. Il n'est pas rare que cet arbre atteigne 50 ou 60 mètres, quelquefois même 100 mètres de hauteur sur une circonférence de 28 ou 30 mètres. La croissance ordinaire de l'Eucalyptus planté dans des conditions normales est de un demi mètre par mois, souvent plus.

En raison de ses grandes dimensions, l'Eucalyptus est pourvu de fortes racines pivotantes et traçantes qui s'implatent profondément dans le sol pour puiser les aliments nécessaires au tronc. De plus il projette une tige terminale longue, mince, d'une texture inconsistante, véritable roseau que le moindre accident suffit à rompre au grand préjudice de la croissance de l'arbre. (1)

Parmi les diverses variétés d'Eucalyptus que nous avons énumérées et qui ne sont que les principales, nous étudierons seulement l'Eucalyptus globulus *(blue gum tree)* et l'Eucalyptus rostrata *(Red gum)* de Victoria.

L'Eucalyptus globulus est la variété la plus susceptible d'acclimatation en France ; c'est aussi celle qui se prête au plus grand nombre d'usages. Il croît dans presque tous les terrains ; toutefois il faut, c'est une condition capitale pour la vie de l'arbre, que la couche de terre végétale soit profonde, sinon les racines ne pourraient se développer suffisamment et l'arbre ne tarderait pas à dépérir.

Bien que sa croissance comme celle de ses congénères soit excessivement rapide, l'Eucalyptus globulus est un des bois les plus durs et les plus résistants qui existent ; il n'a de

---

(1) L'expérience nous a prouvé, que l'Eucalyptus n'éprouve aucun préjudice par la rupture de sa tige terminale, parce qu'il la renouvelle immédiatement. — R. C.

rivaux à cet égard que le tawn et le teck. Il n'a pas de nœuds ;
il ne se fend pas et se scie facilement. On peut débiter des
planches ayant jusqu'à 40 mètres de long. Il n'est attaqué ni
par les insectes terrestres, ni par les insectes aquatiques, et
il est imputrescible à l'eau de mer comme à l'eau douce.
Lorsqu'il est vert et jeune, il est très-élastique, et la force
d'un homme ne suffit pas pour rompre une branche d'un
mètre de long et de 7 à 8 centimètres de diamètre, la branche
pliera, mais ne se brisera pas.

L'Eucalyptus globulus à une puissance considérable d'absorption par ses feuilles et ses racines et d'assimilation en
même temps que d'élimination. (1) Des expériences décisives
ont été faites à ce sujet par plusieurs savants. Cette faculté
est une des plus importantes, même la plus précieuse des
qualités de l'Eucalyptus et c'est à elle qu'il doit ce pouvoir
d'assainissement des lieux humides et malsains qui ne fait
plus question pour personne.

L'on a avancé que l'Australie devait la salubrité de son
climat à la seule présence de ce végétal. Peut-être est-ce
beaucoup dire ; mais nous croyons que la part de l'arbre dans
l'assainissement du pays a dû être considérable.

Les fièvres intermittentes, paludéennes, etc., semblent fuir
devant l'influence de l'Eucalyptus et les essais d'assainissement par le *blue gum* tentés en Algérie, en Corse, à Cannes,
etc., ont donné des résultats surprenants.

---

(1) Ce fait bien constaté prouve combien sont exagérées les craintes de
ceux qui redoutent pour l'Eucalyptus les terrains trop humides. Ce sont, au
contraire, les terrains qui lui conviennent le plus, si surtout ses racines plongent
dans des eaux saumâtres, qui leur fournissent et l'élément liquide et les débris
organiques qu'il assimile avec facilité et promptitude.

Nous avons prouvé par des expériences la force absorbante de ses racines,
celle des feuilles n'est pas moins prononcée.

On sait que dans les localités insalubres les feuilles des arbres et des
plantes sont mouillées dans la nuit et le matin jusqu'à ce que le soleil ait fait
évaporer la rosée.

C'est dans ce liquide que l'on voit pulluler les insectes microscopiques auxquels est due l'infection tellurique. Nous avons nous même contracté la fièvre
en mouillant nos jambes par la rosée d'une luzernière traversée le matin au
moment du lever du soleil, et nous avons vu aussi ces accès de fièvre suivre
immédiatement l'ingestion d'une goutte de rosée. — R. C.

De plus, la thérapeutique s'est emparée de l'Eucalyptus et des préparations déjà nombreuses sont employées avec succès dans un nombre assez grand de maladies, citons notamment l'essence, la poudre, l'alcoolature d'Eucalyptus, etc. On fait en outre avec les feuilles de cigares et des cigarettes dont l'emploi est très-utile dans les toux spasmodiques.

L'Eucalyptus globulus pourrait être employé victorieusement dans le reboisement des forêts. Tout dernièrement, dans ces colonnes, nous faisions remarquer que le bois de chêne menaçait de disparaître de l'Europe dans un avenir prochain. Aucun arbre ne serait plus à même de le remplacer et de combler les vides que l'Eucalyptus globulus.

En outre, inattaquable et imputrescible comme il l'est, cet arbre est éminemment propre aux constructions maritimes, digues, jetées, brise-lames, et à la construction des navires, etc.

Déjà les steamers qui font les voyages de la terre de Van Diemen en Angleterre sont en bois d'Eucalyptus, de même que les baleiniers d'Hobart-Town, bien connus pour leur solidité.

Enfin l'architecture, la menuiserie, les ponts et chaussées, la carrosserie et le charronage où l'on ne fait usage que de bois durs, trouveraient mille occasions d'employer avec le plus grand profit le bois de l'Eucalyptus.

Frappé des ressources nombreuses que peut offrir la culture de cet arbre, le ministre de la marine engageait, il y a quelques mois, par une circulaire générale, les chefs de nos possessions d'outre-mer à étudier les moyens d'acclimater l'Eucalyptus globulus sur toute l'étendue de leur domination, et à faire procéder à des essais de plantations.

A part les établissements de l'Inde, dont le climat torride ne peut convenir à l'Eucalyptus globulus, (1) le Sénégal et la Cochinchine, où les inondations font mourir les jeunes plants,

---

(1) L'Eucalyptus, nous en sommes certain, ne redoute pas les climats torrides, pourvu qu'il soit arrosé. On devrait donc au moins en border les canaux d'irrigation qu'on établit dans les Indes, et en planter dans les terrains humides, qui abondent au Sénégal et en Conchinchine. — R C.

nos colonies paraissent réunir les conditions telluriques et climatériques que cet arbre recherche ; elles sont, en effet, d'une nature généralement montagneuse, et, par suite, d'une altitude toujours assez élevée au-dessus du niveau de la mer, ce qui permet d'établir les plantations juste au degré de température nécessaire à l'Eucalyptus

Des tentatives d'acclimatation ont, en exécution des ordres du ministre, été tentées dans nos possessions et quelques-unes ont donné des résultats concluants. S'il n'en a pas été de même partout, il faut surtout l'attribuer, selon nous, aux conditions défavorables dans lesquelles se sont trouvées les plantations. A notre avis, l'Eucalyptus globulus est appelé à réussir à Taïti, à la Nouvelle-Calédonie à la Guyanne, à la Martinique, comme il a réussi à la Réunion où il est acclimaté depuis 1865.

Il nous reste à parler de l'Eucalyptus rostrata, qui réunit la plupart des caractères généraux des autres variétés d'Eucalyptus, mais qui, à l'encontre du *blue gum*, affectionne les terrains très-humides, et dont la place naturelle est marquée auprès des rivières et partout où l'eau saumâtre ne sera pas à craindre.

L'area de l'Eucalyptus rostrata comprend tout le continent australien ; il vient à Victoria, à Melbourne. à Sydney, à Rockhampton et plus au nord. C'est dire qu'il est aussi répandu que son congénère. Ses applications sont également aussi variées et aussi nombreuses que celles de l'Eucalyptus globulus. En Australie, il est recherché surtout pour l'ébénisterie et la construction des navires, et les ingénieurs le regardent comme sans rival pour les traverses de chemins de fer.

Un des plus importants contracts de travaux en bois qui ait jamais été cité vient d'être signé à Melbourne pour le renouvellement des quais de débarquement qui bordent le Yarra-Yarra, et le seul bois admis dans ce contract par les ingénieurs est le *red gum*.

---

(1) Nous avons nous aussi comm' on a vu et avant de connaître cet article, fait ressortir les avantages qu'on obtiendrait au point de vue hygiénique et économique, des plantations d'Eucalyptus dans la Nouvelle-Calédonie. — R. C.

Telle est l'opinion que l'on a en Australie des qualités de cet arbre.

Ajoutons que l'Eucalyptus rostrata a, au point de vue de la thérapeutique, la même importance que l'Eucalyptus globulus.

Tout dernièrement, M, Ramel, le zélé et infatigable vulgarisateur de l'Eucalyptus, a remis au ministre de la marine un paquet de graines d'Eucalyptus rostrata destinées à être envoyées en Cochinchine, où, comme nous l'avons vu. l'espèce globulus n'avait pas réussi. Ce savant ne met pas en doute la prompte acclimatation du *red gum* sur le sol de notre colonie asiatique »

« (1) C'est une grosse question que celle des forêts, et sur laquelle sera ramenée tôt ou tard l'attention des gouvernements. Ce n'est pas en France seulement que l'on a défriché sans rime ni raison la colline après la plaine et la montagne après la colline ; c'est dans l'Europe presque entière que l'on commence à entrevoir les funestes conséquences de l'imprévoyance avec laquelle on a gaspillé les richesses forestières.

L'Angleterre avec ses immenses ressources houillères, les facultés d'approvisionnement que lui assure sa marine marchande, avait plus qu'aucun autre pays le droit de ne se préoccuper que secondairement de ses forêts ; cependant rien ne prouve qu'elle n'ait pas à se repentir de sa négligence. L'Espagne, elle, en est déjà au chapitre des regrets trop tardifs ; ses sources sont taries, des contrées entières manquent d'eau, et quelques unes de ses populations sont réduites comme celles de l'Egypte à se chauffer avec des chaumes. Le Portugal qui trouvait dans ses nombreux massifs les éléments de la construction de ses flottes, n'est pas aujourd'hui mieux partagé que le reste de la Péninsule. Les montagnes de l'Italie sont déboisées, les torrents ravagent ses plaines ; ce qui lui reste de forêts est exploité avec si peu d'habileté, si mal pourvu de communications que le combus-

---

(1) Article tiré du journal le *Temps*.

tible y est arrivé à un prix excessif La constitution forestière de la Suisse a été grandement altérée par l'abus du
pâturage et des droits usagers. La Russie elle-même, avec
ses 160 millions d'hectares de forêts, jetait dernièrement son
cri d'alarme. Si elle en conserve d'une immense valeur sur
les bords de la Dwina et du Dniéper, le bois manque à la
Livonie aussi bien qu'a la Crimée, qu'à l'Ukraine ; le gouvernement de Saint-Pétersbourg, qui n'était autrefois qu'une
vaste masse forestière, est maintenant presque entièrement
dénudé ; que la marche des déboisements se poursuive
comme elle a commencé, et, de ces richesses colossales, il n'en
restera que le souvenir. Seule, l'Allemagne a su sauvegarder
les siennes en conservant ses forêts en hautes futaies, qu'elle
traite rationnellement par la méthode des éclaircies périodi-
ques et des réensemencements naturels.

Nous possédons en France 8,785,341 hectares de forêts,
dont 5,597,572 appartenant aux particuliers, 1,869,028 aux
communes et 1,208,721 à l'État. Dans ces dernières seules
on rencontre un certain nombre de futaies pleines aména-
gées à 120, 130 et 150 ans. Le public de nos jours est trop
hâté de jouir pour se plier à une exploitation de ce genre.
Allez donc lui parler de ces sortes de placements à échéance
posthume, il prendra votre proposition pour une mauvaise
plaisanterie. Non-seulement il ne se rencontre qu'exception-
nellement un propriétaire pour se décider à planter en
futaie, mais il est bien limité le nombre de ceux qui résis-
tent à la tentation de faire argent du haut bois qu'ils possè-
dent. Les chênes centenaires, les grands hêtres, les vieux
pins tombent tour à tour et le jour n'est pas loin où, en fait
de beaux arbres, il ne restera plus que ceux que quelque
mérite ornemental a préservés de la cognée. En même temps,
nulle part on ne les remplace. Si on met un sujet dans un
trou, il appartient à quelque essence à rendement prompt,
c'est un peuplier. 30 ans, voilà aujourd'hui ce qui s'appelle
l'avenir.

Bien que mal répartis, nos 5,797 hectares de taillis nous
entretiennent de combustible, mais notre production des

bois de construction est déjà insuffisante ; nous payons à la Suède, à la Norvége, à l'Amérique, qui nous les fournissent un tribut annuel de près de cent millions et, en raison du surcroît que la construction et l'entretien des chemins de fer apporte à la consommation générale, autant que de la disparition progressive de nos dernières futaies, ce tribut prendra fatalement des proportions bien plus considérables.

Ne serait-ce pas le cas de nous rappeler que nous possédons également huit millions d'hectares de pâtis, landes et bruyères et d'en activer la plantation par tous les moyens dont un gouvernement dispose. Léguer de beaux traités, bien savants, sur la sylviculture, à nos arrière-neveux, c'est fort bien, sans doute. mais le défrichement et l'ensemencement forestier de ces terres incultes fera encore mieux leur affaire.

————

Ce qui précède donne un puissant intérêt à une acclimatation forestière ébauchée pour la première fois il y a une douzaine d'années et qui, en Algérie et sur notre littoral méditerranéen, paraît avoir été couronnée de succès, celle de l'*Eucalyptus*. Il y a quelque chose de providentiel dans l'à-propos avec lequel cet arbre nous arrive. A notre siècle qui n'a plus ni la patience ni le loisir d'attendre le lent développement du chêne, on ne peut rien offrir de mieux que ce géant de la Tasmanie, qui pour fournir à celui qui le plante un madrier, une poutre, n'a pas même besoin que son existence se prolonge autant que celle d'une génération humaine. Si notre époque de vapeur, d'électricité, de vie rapide était en quête d'un emblème végétal, elle ne trouverait jamais mieux que l'Eucalyptus.

La rapidité de sa croissance est d'autant plus remarquable — à dix ou douze ans il peut être façonné en solives, en traverses de chemin de fer — que la nature de son bois le rattache à nos essences les plus dures. Ce bois très-fibreux, très nerveux par conséquent, suffisamment compact, les

Anglais l'emploient à leurs constructions navales et ne le trouvent pas, pour cet usage, très-inférieur au fameux bois de Teck. L'exubérance de végétation de l'Eucalyptus n'est pas un feu de paille comme dans les *Paulownia*, elle persévère ; on voit sur les côtes méridionales de l'Australie, leur patrie, des *Blue-gum* qui rivalisent avec les *Wellingtonia* de la Californie et poussent comme eux leurs branches à la formidable hauteur de 80 mètres.

L'Eucalyptus a d'autres titres pour nous devenir précieux. Ne nous arrêtons pas à son mérite ornemental qui, cependant est très grand en raison de son port et surtout du curieux disparate que présentent ses feuilles ovoïdes et bleuâtres des deux premières années avec le feuillage lancéolé, qui leur succède. L'Eucalyptus est 'le purificateur par excellence des terres marécageuses, des miasmes mortels pour toute vie animale. Quand on l'approche, il est impossible de ne pas être frappé de l'odeur qui s'en dégage ; elle rappelle celle du laurier, mais elle est infiniment plus pénétrante. Soit conséquence de l'intensité de son parfum, soit que l'arbre absorbe plus de gaz délétères que les autres, il assainit les terres humides particulièrement propices à sa végétation ; la fièvre disparaît partout où il pousse. Ses qualités fébrifuges sont tellement caractérisées que ses feuilles et son écorce sont déjà entrées dans notre thérapeutique, qui espère y trouver un succédané économique du quinquina.

Ce serait bien beau, en vérité, si nous parvenions à nous approprier ce trésor végétal, mais il n'est pas probable que nous y réussisions complètement. En gens pratiques qu'ils sont, nos voisins ont essayé de le naturaliser dans leur île ; ils ont échoué. La variété la plus robuste, qui est aussi la plus précieuse, l' E. *Globulus*, ne résiste jamais à des froids continus de 5 centigrades au-dessous de zéro. Mais en dehors du litoral de la Méditerranée où il réussit parfaitement, comme en témoigne la magnifique avenue, aujourd'hui âgée d'une dixaine d'années, de la station de Nice, celle de la succursale du Jardin d'acclimation, à Cannes, et les nombreux spécimens plantés par les particuliers, nous avons la Corse et l'Algérie

avec ses milliers d'hectares de marécages. Là, la propagation
de l'Eucalyptus sera un immense bienfait local ; elle fournira
à la métropole un nouvel élément de prospérité puisque son
argent au lieu d'aller aux pays étrangers du Nord, en échange
de leurs produits, enrichirait nos compatriotes du Midi.

Un de nos collaborateurs, à son retour de Rome, nous est
arrivé presque aussi enthousiaste d'une plantation d'Eucalyptus, qu'il a visitée dans ce lugubre désert qu'on appelle la campagne romaine, que des trésors archéologiques, et des mer-
veilles artistiques de la capitale de l'Italie. Cette plantation
se trouve à trois kilomètres de l'église de Saint-Paul, hors,
des-murs. Elle est l'œuvre d'une succursale de trappistes
établis dans un monastère bâti à l'endroit même où l'apôtre
subit le martyre, et qui tire son nom de trois fontaines, lesquelles, suivant la légende, jaillirent aux trois places où la
tête du saint avait touché le sol en rebondissant. Les trois
fontaines ne marquent pas d'autres monuments traditionnels;
mais, si respectables que soient ces témoins du passé, ils
nous paraissent infiniment moins intéressants que l'œuvre à
laquelle se sont voués les nouveaux hôtes du monastère,
œuvre qui ne tend à rien moins qu'à la régénération de la
campagne romaine par la culture, à la guerre, avec l'Eucalyptus pour arme, à cette horible *malaria*, qui a si tristement
transformé des contrées jadis peuplées et fertiles.

Notre ami nous affirme que les plantations de l'arbre australien et les jeunes vignobles des religieux sont dans l'état
le plus florissant. En songeant à l'élévation du but, à la
grandeur de la tâche, à la faiblesse des moyens, sceptiques
et croyants nous nous trouvons unis par une même pensée,
et nous demandons à celui qui est là-haut de bénir les travaux du frère Gildas. » (1)

_____

(1) Nous éprouvons une satisfaction bien vive, en constatant que nos vues
sont entièrement conformes à celles de l'auteur de l'article. Nous avons tenu
à le placer sous les yeux de nos lecteurs, de ceux de la Corse surtout, afin
qu'il ne reste plus aucun doute dans leur esprit, sur les avantages qu'ils peuvent
retirer de la culture de l'Eucalyptus au point de vue hygiénique et économique.

La première partie du notre ouvrage était sous presse, lorsque nous avons
eu connaissance des remarques et de considérations que le journal *Le Temps*
a formulées avec une précision et une clarté, qui en augmentent la valeur.

Nous voilà à peu près à la fin de notre travail. Le cadre que nous nous étions tracé est-il rempli ? En sommes-nous sorti ?

Il n'est pas possible que, à l'heure qu'il est, un individu éclairé puisse mettre en doute l'action assainissante de l'Eucalyptus. Nous ne sommes pas le seul à la proclamer. Elle se trouve établie par l'expérience et par les faits nombreux et concordants appréciés par des hommes éminents qui ont fait des études spéciales sur le sujet que nous avons traité.

Dernièrement encore, un recueil publié en Angleterre (1) a appelé l'attention de ses lecteurs sur les propriétés hygiéniques et médicinales de l'arbre australien.

Mais nous sommes allé peut-être plus loin que tous les écrivains dont nous avons mentionné les travaux, parce que nous avons tenté d'expliquer d'après quelles lois se manifeste la précieuse et intéressante action de l'Eucalyptus.

Nous ne sommes sorti qu'en apparence des limites de notre cadre, en démontrant que l'on peut retirer un grand profit de ces plantations.

Les individus disposés à faire des sacrifices dans l'intérêt général et par philanthropie ne sont pas nombreux ; il fallait donc prouver à ceux pour lesquels l'intérêt individuel est le seul mobile de leurs actes, qu'ils pourront concourir au but que nous avons en vue, tout étant assurés de faire une opération avantageuse pour leurs familles et pour eux-mêmes.

Nous ferons observer à ceux qui douteraient encore de l'action hygiénique de l'Eucalyptus, de se rendre compte de l'action médicinale de ses feuilles et de son écorce. Cette action sur laquelle nous avons un des premiers appelé l'attention des médecins par deux mémoires déjà mentionnés est aujourd'hui bien connue.

M. Gimbert de Cannes (2) a employé dans plusieurs maladies des préparations d'Eucalyptus, et s'est livré à des expériences, desquelles il résulte que ces préparations doivent occuper un rang éminent dans la thérapeutique.

Elles sont surtout appliquées depuis que M. Gubler, pro-

(1) Pall Mall Budget 25 janvier 1875.
(2) L'Eucalyptus globulus. — Son importance en agriculture. en hygiène, et en médecine. — Paris 1870

fesseur de thérapeutique à la faculté de médecine de Paris
(1) a donné l'explication scientifique de leur action, et, avec
cette profondeur de vues et de talent d'investigation qu'il
possède, il a mis en évidence les nombreuses applications,
dont elles sont susceptibles.

Nous croyons que l'action médécinale sert à expliquer et à
faire mieux comprendre l'action hygiénique. Nous n'en-
treprendrons pas cependant d'analyser les travaux des maîtres
de la science, ni résumer ce que notre expérience nous a
révélé.

Ceux qui ont la volonté de s'instruire sur la valeur thérapeutique de l'Eucalyptus, peuvent se procurer sans difficulté
les publications qui ont paru en France.

Il n'en est pas de même de celles qui nous viennent de
l'étranger. Ainsi on nous saura gré de reproduire d'après la
traduction faite sur notre prière par Mlle Anna Mars. très-
versée dans presque toutes les langues vivantes, un extrait,
d'un travail publié à (2) Londres.

« Il y a à peu près deux ans, que le docteur Lorinser, de
Vienne, soumit à l'académie les résultats de ses observations
sur le traitement de la fièvre par l'Eucalyptus globulus. (Voir
British Medical Journal, mai 21 1870) Pour pouvoir faire des
observations, une provision de cette teinture fut mise à la
disposition de médecins en communication par les stations de
chemins de fer, avec des localités où la fièvre était fréquente.
Cependant la quantité fut bien petite, et une plus grande
provision fut distribuée dans le mois de mai de l'année
dernière. Les résultats obtenus pendant l'été ont été recueillis
et résumés par le docteur Joseph Keller, médecin en chef de
là compagnie des chemins de fer autrichiens.

Le nombre des malades traités par la teinture d'Eucalyptus
fut de 432. De ceux-ci, 310 (71, 76 pour cent) furent parfaitement guéris, et 122, (28, 24) durent être traités après
par la quinine. Des 310 malades qui furent guéris, 202

(1) Sur l'Eucalyptus globulus et son emploi en thérapeutique. — Leçons
professées à l'école de médecine les 20 et 22 juillet 1871, et recueillies par
M. le docteur Ernest Labbée et revues par le professeur.
(2) On the use of the Eucalyptus globulus, (Blue gum tree,) or fever tree
In the dotreatment of fevers, bronchitis.

n'eurent pas de paroxysme après la première dose ; dans les 108 restants il y eut un ou plusieurs paroxysmes qui cependant cédèrent à des doses répétées du médicament. De la quinine avait été donnée sans résultat dans 118 sur les 432 cas ; 293 des malades avaient eu la fièvre l'année précédente. et 193 furent attaqués pour la première fois en 1871. Des 122 cas pour lesquels l'Eucalyptus ne réussit pas, 58 se remirent en employant de la quinine, 38 ne furent pas guéris, 10 furent envoyés chez eux, et 16 continuèrent le traitement Des 118 cas où la quinine a été donnée sans résultat. 91 recouvrèrent la santé en prenant de l'Eucalyptus, et pour 27 il n'y eut aucun résultat.

Les différents types de fièvres intermittentes étaient représentés de la manière suivante : quotidiennes compliquées, 117, simples 73=190 : tierces compliquées, 126 ; simples, 95=221 ; quartes compliquées, 16 ; simples, 4=20 ; quintes compliquées 1. Les complications étaient l'augmentation de volume la rate ou du foie. l'anémie ou le catarrhe gastrique chronique, la cachexie palustre etc. Le remède fut efficace dans 161 des 260 cas compliqués, ou 61,9 pour cent ; et en 149 (ou 86,6 pour cent) des 172 cas simples. Le succès du traitement dans les différents types fut : en fièvres tierces, 75, 57 pour cent ; fièvres quartes, 70 p. 0/0 ; fièvres quotidiennes 67, 89. Parmi les cas où la première dose d'Eucalyptus arrêta le mal, il y avait 95 cas compliqués et 107 simples ; 28 des premiers et 20 des derniers avaient été traités précédemment par de la quinine, sans succès. Dans les cas où les paroxysmes se représentèrent, il y eut 70 cas compliqués et 38 cas simples ; de la quinine avait été donnée sans effet en 27 des premiers et en 15 des derniers cas.

Des 432 malades, 353 étaient hommes, 46 femmes, et 33 enfants. Il y eut 155 malades qui étaient étrangers aux localités, et dont le mal était le plus fréquemment accompagné de complications, le traitement fut employé avec moins de succès pour eux que pour les habitants indigènes.

Le traitement fut ordinairement commencé le cinquième jour après le premier paroxysme de la fièvre ; sa durée moyenne de 9 1/2 jours, la durée du traitement par la quinine pendant les années précédentes avait été de 12 1/2 jours.

La teinture fut faite en divisant en petits morceaux les feuilles obtenues par la France de la contrée native de la plante, et en les macérant dans de l'alcool pendant 3 mois. Dix livres de feuilles produisirent vingt-cinq quarts de teinture. La dose moyenne fut de deux (1) drachmes, et la quantité moyenne employée pour chaque malade fut de (2) 7 drachmes — cependant ceci varia beaucoup, selon la nature du cas et ses complications.

Le docteur Keller conclut que l'Eucalyptus doit être regardé comme un remède très-important contre la fièvre ; mais que la plante, cultivée en Autriche, est moins efficace que celle importée de son sol natif ; que le remède est efficace surtout dans les cas obstinés de la fièvre, où la quinine avait été donnée sans succès ; et que la moyenne durée du traitement par l'Eucalyptus est moins longue que celle de la quinine. Il croit que les teintures sont la meilleure préparation de la plante, parcequ'elles retiennent l'huile essentielle. Pour femmes et enfants on peut ajouter du sirop simple ou du sirop d'orange. Dans les cas doux , 2 ou 3 cueillerées à thé, prises avant le moment où l'on attend le paroxysme, sont généralement suffisantes.. Lorsqu'il y a de la cachexie, de petites doses devraient être prises pendant quelque temps la nuit et le matin. »

CONCLUSION.

Il nous reste maintenant à faire une dernière fois appel à ceux qui gouvernent les nations et à les supplier, au nom de l'humanité, au nom de leur propre honneur. de combattre et d'anéantir le mauvais air dans les climats méridionaux.

Si les gouvernements négligent de remplir un devoir si essentiel. de vastes associations devraient se former pour

(1) Dose équivalente à 5 grammes.
(2) Dose équivalente à moins de trente grammes.

combattre le redoutable fléau partout où il exerce ses ravages.

En hygiène 'publique, comme en toute chose, le progrès peut être momentanément entravé, mais il ne peut pas être arrêté : c'est une loi de la Providence. Ainsi si les gouvernements actuels se soucient peu que des malheureux soient contraints de respirer un air empoisonné, un temps viendra ou,bon gré malgré ce poison sera anéantit : *Fata viam invenient.*

FIN.

Traduction réservée.

ERRATA:

Préface, au lieu d'affaiblir, *d'en affaiblir* la force d'action.

Page 24, note 2, au lieu de la harpe, lisez *De La Haye*.

Page 24, lignes 10 après le chapitre, au lieu de macaroue lisez *macarone*.

Page 26, ligne 17, la note 2 doit occuper la place de la note 3 et vice-versa.

Page 29, au lieu de chapitre VIII, lisez *Chapitre VII*.

Page 35, lisez *troupeaux de bœufs*, au lieu de troupeaux ou bœufs.

Page 36, ligne 16, au lieu de nous ne nous expliquerions, lisez *nous nous expliquerions*.

Page 42, ligne 22, au lieu de furent complètement assainis, lisez *fut complètement assainie*.

Page 43, au lieu de provide ce, lisez *providence*

Page 43, avant-dernière ligne de la note supprimer l'article *La*.

Page 44, dernière ligne, supprimer *cette île*.

Page 46, ligne 12, au lieu de s'en servaient, lisez *s'en serviront*.

Page 47, ligne 11, au lieu de comme nous l'avons déjà en partie, lisez *comme nous l'avons déjà fait en partie*.

Page 47, lisez ainsi qu'il suit la période, qui commence à la dernière ligne de la page 47 et termine à la deuxième ligne de la page 48.

Mais la partie d'Europe, que les plantations d'Eucalyptus seules peuvent rendre florissante et prospère, est entre autres la campagne romaine.

Page 55, ligne dernière au lieu d'assainies, lisez *assainis*.

Page 58, au lieu de parceque, lisez *par ce*.

Page 61, ligne 6 au lieu de réparatif lisez *séparatif*.

TABLE DES MATIÈRES.

~~∞∞∞~~

537